TOYOTA

圖解豐田生產方式

トコトンやさしいトヨタ生産方式の本

豐田生產方式研究會——著　　周姚君——譯

暢銷
紀念版

超簡單！ TOYOTA 成功祕訣完全透視

經營管理 180

圖解豐田生產方式（暢銷紀念版）

作　　者　豐田生產方式研究會
譯　　者　周姚君
責任編輯　林博華
行銷業務　劉順眾、顏宏紋、李君宜

發 行 人　凃玉雲
總 編 輯　林博華
出　　版　經濟新潮社
104台北市民生東路二段141號5樓
電話：(02) 2500-7696　傳真：(02) 2500-1955
經濟新潮社部落格：http://ecocite.pixnet.net
發　　行　英屬蓋曼群島商家庭傳媒股份有限公司城邦分公司
台北市中山區民生東路二段141號11樓
客服服務專線：02-25007718；25007719
24小時傳真專線：02-25001990；25001991
服務時間：週一至週五上午09:30-12:00；下午13:30-17:00
劃撥帳號：19863813；戶名：書虫股份有限公司
讀者服務信箱：service@readingclub.com.tw
香港發行所　城邦（香港）出版集團有限公司
香港灣仔駱克道193號東超商業中心1樓
電話：852-2508 6231　傳真：852-2578 9337
E-mail: hkcite@biznetvigator.com
馬新發行所　城邦（馬新）出版集團 Cite(M) Sdn. Bhd. (458372 U)
41, Jalan Radin Anum, Bandar Baru Sri Petaling,
57000 Kuala Lumpur, Malaysia.
電話：(603) 90563833　傳真：(603) 90576622
E-mail: services@cite.my
印　　刷　一展彩色製版有限公司
初版一刷　2007年10月1日
三版一刷　2023年5月4日

城邦讀書花園
www.cite.com.tw

ISBN：978-626-7195-29-1

定價：350元

前言

日本如今面臨了更大的挑戰，少子高齡化、消費者需求的多樣化、國內產業的空洞化、通貨緊縮等等，環境比以前更為艱困。在這樣的環境中，更需要有效運用有限的資源，盡量減少廢棄物的產生，不給地球帶來負擔。如何朝這些方向來進行製造，是每個企業的重大課題。

大量製造的生產方式，一不小心就會製造過多。在物資缺乏的時代還無所謂，但是今天已是少量多樣化的製造當道，超過必要數量的大量製造，很容易造成生產過剩。生產過剩不但會造成材料、零件的浪費，電力及石油等能源的消耗，甚至導致包裝與容器增加，以及必須增設倉庫等等。由於製造的數量超過市場需求，銷售後剩下的產品，有些只能當成產業廢棄物處理掉。再怎麼強調零排放（Zero Emission）的重要，若是製造過度，零排放也就只是口號——因為製造多餘的物品就等於製造產業廢棄物。

此外，當今社會還有許多人仍有以下的錯誤認知：

①大量製造比較便宜。

②大量購買比較划算。

③庫存是資產。

④購買新機器就能提高生產效率。

⑤機器設備的使用年限就和法定的耐用年限一樣。

豐田生產方式的兩大主軸是「剛好及時」（Just in Time, JIT）和「自働化」。

「Just in Time」就是「在必要的時間，製造或購買必要數量的必要物品」，其基本精神是「庫存是罪惡」，唯有如此才能不產生浪費，才能讓公司獲利。

提到成本削減，有人以為只要導入新的機器設備，生產效率自然會提升，成本也會降低。其實重要的是如何改善現有的機器設備，讓自己使用起來更得心應手。不必管機器的折舊年限到底是幾年，就算是老舊的機器，只要確實做好維修，加上巧思，生產效率和產品品質都會有所改善。要記住，是人在使用機器，不是機器在使用人。

豐田生產方式的基本思維是：徹底消除浪費。只要徹底消除浪費，自然能夠降低成本、節省能源，同時兼顧環保的趨勢要求。

工廠必須每天持續推動改善，讓機器的工作與人的工作共存，使得原本需要相當大的空間來放置機器設備的工廠，能夠以精巧的設備取代原本笨重的機器，並以更少的能源來製造。

推動剛好及時、看板等方式，能夠防止生產過度，進一步廢除輸送帶，建立以人為主的台車導引生產線，改善零件搬運階段的包裝方式，達成製造零垃圾的目標。

除此之外還有回收（recycle）的問題。豐田汽車已能利用廢棄物再生品來製造汽車。如果不能從設計的階段即仔細思考回收的問題，便很難做到高比例的回收。

要實現毫無浪費的製造方式，應該建立銷售後再製造的「客製化製造」機制，也就是接到顧客的訂單之後，才開始開發、製造、交貨。要達成「客製化製造」，必須做到下列幾點：

①改善物流。
②縮短製造的前置時間（leadtime）。
③提升生產線的可靠度。
④減少並抑制產品品項的增加。

改善物流方面，應以混合運送等方式提升裝載率，集貨時也不要怕麻煩，多跑幾次生產線。這樣做可以讓銷售速度和生產線製造速度趨於一致，讓庫存量維持在一定程度。

縮短製造的前置時間方面，透過縮短換模時間、改善從原料進貨到成品出貨的流程等方式，即可達成。

要提升生產線的可靠度，重要的是必須盡量提升良率。增加工作效能、致力於預防維修，不讓機器故障，也是提升可靠度的不二法門。要防止機器故障再度發生，做好工廠的管理則是關鍵。

減少並抑制產品品項增加方面，可以在開發、設計階段時即統一零件，藉此減少產品品項。與零件供應商合力開發產品，是可以嘗試的方法。

要實現以上目標，必須建立「後製程領取」的體制，製造出來的物品就放在製造出來的地方，商品的製造順序則從銷售出去的東西開始。持續推動之下，必然能累積可觀的成果，成功降低製造成本，並培養出優秀的人才。

生產現場的成本削減活動是永無止境的。若提到削減成本只想到裁員，活動一定無法維持下去。因為保有並持續開發模具、鑄造、鍛造、板金加工、樹脂成形等基礎技術，也是非常重要的。

許多導入豐田生產方式的企業，一開始都經歷一段陣痛期，因為要改變長久以來習慣的想法、看法、做法，實在是非常痛苦的一件事。我們與東南亞及中國的競爭越演越烈，在這個沒有先知的時代，唯有絞盡腦汁努力實行改革改善，別無他法。

本書成功付梓，期間多承蒙施行豐田生產方式的各製造商與零件廠商，以及日本生產管理學會的諸位先進給予許多寶貴意見，在此致上由衷的謝意。

希望本書能為工廠經營者、管理監督者、工作人員，以及想要學習豐田生產方式的各位解答一點疑惑，如此將是本書作者最大的光榮。

澤田善次郎
岡田貞夫
2004年2月

圖解豐田生產方式

目次

第1章 豐田生產方式的本質

第2章 品質保證

第3章 平準化

第4章 標準作業

第5章 消除浪費

第6章 自働化

第7章 看板

第8章 降低成本策略

第 1 章

豐田生產方式的本質

1 豐田生產方式的架構

徹底剔除浪費的思維

豐田生產方式（TPS）的目的，就是基於徹底剔除浪費的思維，致力追求製造方法的合理性，也就是減少工作負擔、提升生產能力的一連串步驟。豐田生產方式最重要的兩大主軸就是「剛好及時」（Just in Time, JIT）與「自働化」。

「剛好及時」若以製造業的語言來翻譯，就是「在必要的時間，到必要的地方，拿取必要數量的必要物品」。從前製程所製造出來的物品送到後製程的方式，以及為了從後製程在必要的時間獲得必要的物品，在更改零組件移動順序的過程中，所產生出來的就是「剛好及時」的思想。

昔日製造業的觀念，總是盡量不讓人員與機器閒置，盡可能地製造，以提升生產量，達到降低成本、獲得利潤的目的。實際上，過度製造所帶來銷售剩餘的庫存，卻常常成為企業經營上的潛在威脅。今後應該改變想法，記住東西要賣出去後才有獲利，以接到訂單後才製造的「接單後生產」為努力方向，以「後製程領取」將庫存壓縮到最低限度。

其次，豐田不斷強調的「自働化」並非單純的自動化，而是加了人字旁的「自働化」。當問題發生時，豐田的做法是把機器或生產線停下來，讓問題顯現出來，以防後製程出現不良品。自働機器發生問題時會自動停止，因此不會製造出不良品，同時一個人可以管理好幾台機器，也就是可以做到一對多。豐田生產方式的基本原則如左頁圖表所示。

在此將重點整理成下列項目：

①徹底剔除浪費，創造利潤。
②只製造能銷售出去的數量。
③平準化生產。
④人字旁的自働化。
⑤不依賴量產的製造。
⑥重視工廠及現場的物品。
⑦盡量激發人的能力。

重點複習

- 提升製造方法的合理性
- 以「剛好及時」達成「後製程領取」
- 異常發生時，讓生產線停止並檢查的自働化

豐田生產方式架構

剛好及時與自働化

- 製造方法會使成本改變 …… 提升生產效率與削減成本
- 剛好及時
  - 1. 製程流程化
  - 2. 以必要數量決定策略
  - 3. 後製程領取
  - 4. 小批生產
    - **物**—同步化
      人—多能工化
      設備—依製程順序配置
    - 標準作業
    - 看板方式
    - 改善換模，小批生產
      平準化生產
- 自働化
  - 1. 在製程內就做好品質管理 …… 只製造良品
  - 2. 省人 …… 廢除監視人

2 如何創造獲利

削減成本才是優先課題

消費者總是希望產品既好用又方便，既不會故障又能增添生活樂趣。而且最好是一訂購馬上就能到手，花的錢比預期的少，又有完整的售後服務。

一旦消費者決定要購買某個產品，第一個考慮的因素一定是，產品的價格究竟是比「市場行情」高還是低。若是考慮到製造商的「成本＋利潤」，消費者是不會下手的。

毋需贅言，企業必須持續獲得適當的利潤，才能繼續經營下去。而公司有獲利，才能照顧在企業工作的員工，讓員工擁有健康豐富的生活。因此，員工為公司工作，其所有行為應該都以追求利潤為最終目的。

售價、成本與利潤的關係，可表示為以下三個公式：

①**售價－成本＝利潤**　銷售過程管理，提升售價以增加利潤

②**售價＝成本＋利潤**　成本主義（有不會倒的國營企業當靠山）

③**利潤＝售價－成本**　非成本主義→降低成本

幾乎所有的企業推出新產品時，都是依循公式②來決定售價，考慮的是成本多少錢、我要賺多少錢，兩個數字加起來，就決定售價是多少。會想到「市場行情」的企業有如鳳毛麟角。

如果不能徹底接受「售價由顧客決定」的觀念，就會訂出一個不上不下的售價，最後產品銷售狀況不佳，又怪罪國外廉價產品傾銷、市場景氣不好等等，企圖推卸責任。

豐田生產方式就是採用第三個公式：利潤是售價減去成本。因此，若要確保利潤，就只能努力削減成本。如此一來，企業的生存之道，唯有徹底消除浪費，別無其他方法。

重點複習

- 製造方法改變，成本就會改變
- 售價由顧客決定
- 根據市場行情決定售價

提升獲利策略

1 銷售過程管理

當競爭對手存在時，不可提升售價，因為有可能危及企業生存

2 成本主義

提升售價 ····▶ 需求＞製造

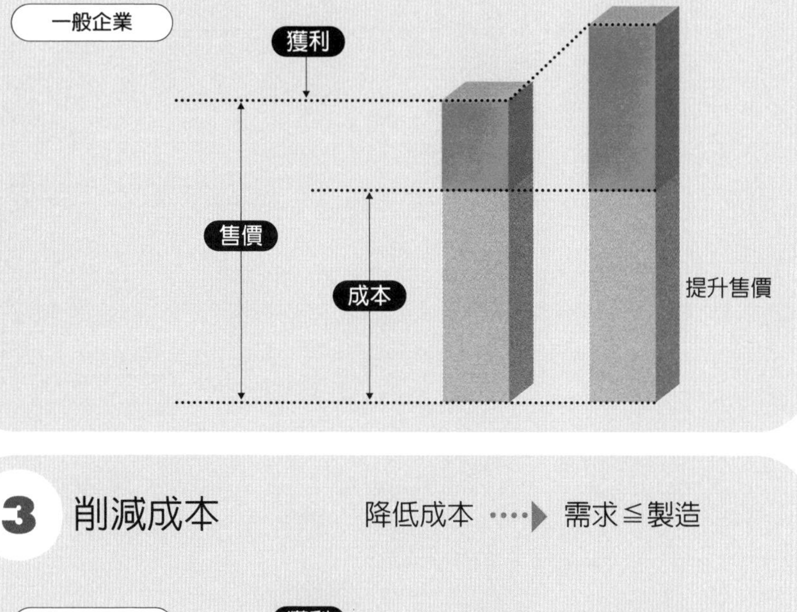

3 削減成本

降低成本 ····▶ 需求≦製造

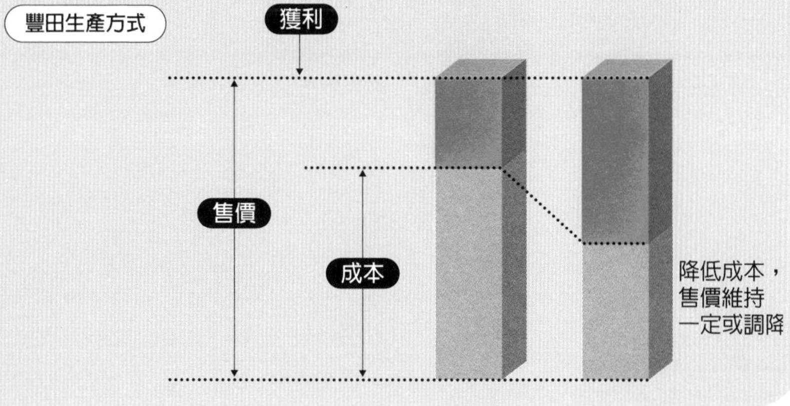

3 何謂「剛好及時」(Just in Time，JIT)

後製程只在必要的時間，向前製程拿取必要數量的必要物品

製造的根本，就是以更低廉的價格，迅速提供更多消費者品質更好的商品。這個觀念不論何時何地都不會有所改變。

除此之外，「只製造能銷售出去的東西」也是非常重要的。過去有許多企業在決定製造數量時，都只憑自己一廂情願的預測，或是只看到市場表面的需求，因而嚐到經營上的苦果。泡沫經濟崩解、IT（資訊技術）熱潮冷卻後，過剩的設備和庫存是多麼讓企業頭痛，大家應該都很清楚。

若要以有效率、不浪費的方式製造能銷售出去的商品，意即必須配合商品銷售出去的時機來製造。這樣的方法就是「剛好及時」（Just in Time）的思維。

所謂「Just in Time」就是，「後製程只在必要的時間，向前製程拿取必要數量的必要物品」。徹底執行這樣的做法，前製程就不會生產比後製程必要數量更多的物品，也就能確定不會生產賣不出去的東西，不會產生多餘的庫存。

要達成零庫存的目標，必須記住「太慢固然不好，太快卻更糟糕」。如果製造太多太快，就會產生多餘的庫存，也就無法做到「Just in Time」。

作業員總覺得自己不應該閒著，萬一真的沒事做，閒得發慌之下可能會不小心做出畫蛇添足的動作，這也是人之常情。不過，若要防止過度製造，就必須以拍子時間（takt time）（參考第七四頁）進行製造管理，確實根據訂單來生產。

此外，還應該做到：

①流程生產：將製程流程化，原則上為單件流製造。

②訂定拍子時間：確實掌握具體的必要數量，以及應該以何種速度製造哪些商品。

③後製程領取：生產指示資訊的一貫性，根據「看板」加以具體化。

④以縮短換模時間達成小批生產。

重點複習

- 提供品質、成本、交貨時間均穩定的商品
- 只製造能銷售出去的東西
- JIT是知易行難的

Just in Time的基本原則

基本原則	目標	策略	作法	工具與方式
製程流程化	培養靈活應變能力 防止製造過度 縮短前置時間	**物** 同步化 **人** 多能工化 **機器設備** 依製程順序配置	按照製程順序排列機器設備 讓物品單件流 多製程管理	U字型生產線 混流生產線 回轉 接力區 多能工化訓練表 （員工能力表）
以必要數量決定策略		徹底執行標準作業	拍子時間 作業順序 標準待工待料	零件能力表 標準作業組合表 作業要領書 標準作業指導書 標準作業表
後製程領取		運用看板	前後製程間的領取 以補充的連鎖方式來進行製造	待加工品看板 領取看板 臨時看板
小批生產		縮短換模時間，實現小批生產	單分鐘換模 one-touch換模 單次換模	內部換模與外部換模，從內而外的轉化 改善內部換模 改善外部換模 零調整

4 不依賴量產的製造

不期待量產效果的製造方式

藉由較多的數量分攤總成本中的固定費用，使每個商品的單位成本下降，這就是所謂的量產效果。在物資極度缺乏或經濟高度成長的時代，量產的想法是沒有問題的。但是近年來，昔日那種強調量產效果的製造，已越來越無法迅速靈活地因應市場上瞬息萬變的需求，過度製造反而造成浪費，甚至使成本增加。

現今的市場需求是少量而多樣的，因此未來的製造除了要配合產品的銷售狀況外，還必須盡量壓低總費用，才能從中擠出利潤。總費用與營收數字相同的那一點稱為損益平衡點，現在的損益平衡點必須要再往下降才行。

總費用包含變動費用及固定費用。變動費用以物料費、外包費等為主；固定費用則有人事費、折舊費和間接部門費等。

要降低損益平衡點，最有效的方法是削減固定費用，其中尤以減少人事費最能收致立竿見影之效。要達到目的，必須推動員工的多能工化，將人員的能力發揮到極限，藉此減少人力；因剔除浪費而產生的剩餘人力，也必須善加利用，藉此減少外包費用。

生產設備方面，則必須進行徹底的改善，以生產效率為優先，購買新設備時只買最低限度所需，將設備投資費降到最低，藉此壓縮機器折舊費用。日後若還需要其他功能，屆時再根據需求另外追加購買就可以了。

另外要提醒的是，「製造過度的浪費」會侵蝕物料費、零組件費、電力能源費等等，導致多餘費用產生。

關於削減固定費用，左頁圖表為降低設備費及人事費的方法。此外，剔除浪費導致成本降低、使固定費用成為變動費用等範例，也都列舉在表中。

重點複習

- ●減少折舊費，購買新設備時只買最低限度所需
- ●降低人事費，推動人員多能工化，並徹底根除浪費，活用多餘人力

單位費用與產能利用率

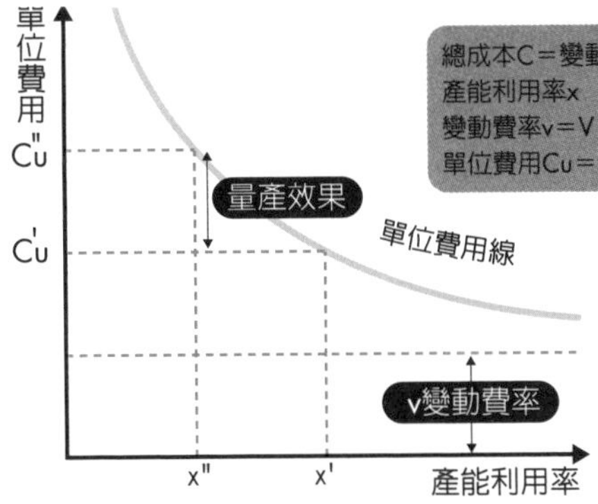

損益平衡點

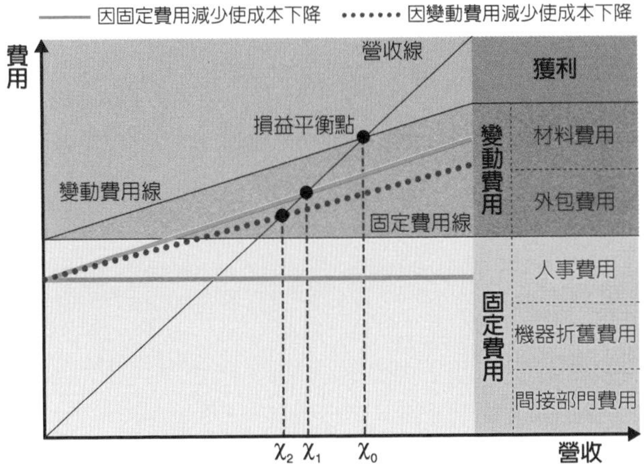

固定費用削減策略範例

	機器設備	人員
削減成本	❶**新機器設備只買最低限度** 一開始只買最低限度的機器設備，之後再根據本身需求追加新功能 ❷**機器設備的簡易自働化**	❶**準直接部門** 徹底剔除待工待料的浪費、搬運的浪費、動作的浪費、修改的浪費 ❷**間接部門的合理化** 評估間接業務的績效，採取對策
固定費用 ↓ 變動費用	❶**機器設備裝上方便移動的小輪子，即可根據產量調整** ❷**機器設備的多製程管理** ❸**採用租賃方式** ❹**改造、改善舊機器**	❶**將部分的間接部門直接化** ❷**停止固定人數的人員配置方式** 少人化、多能工化 ❸**善用工讀生、非固定薪制員工等臨時員工**

5 前製程是神明，後製程是客戶

對前製程與後製程的「體貼」

受託代為製造零組件或承接工程的企業，我們稱之為下包廠商。協助自己公司，負責自己公司無力製造的前製程廠商，豐田視之有如神明，因為他們是幫助自己公司的製造、真正扛起一部分生產責任的「協力公司」。

另一方面，負責自己製程之後作業的廠商，則是豐田的「客戶」。從生產線的後製程，到成品的運輸業者、零售商、消費者，都包括在內。

製造出來的產品必須百分之百都是良品，絕對不讓不良品流到後製程。在必要的時間將必要數量的必要物品送到客戶手上，這是理所當然的。不良品和製造過度的浪費在本質上都是一樣的，它們都是讓成本上升的凶手。

在以往，大量製造的產品就算暫時賣不出去成為庫存，總有一天還是會賣得掉。但是現在已今非昔比，如果不配合銷售的情況，只製造賣得出去的數量，絕對無法增加競爭力。若總是自認為市場需求應該有多少，不會隨著市場需求的變化而改變，不把客戶真正的需求放在心上，一定很快就會感受到庫存過多的壓力。

另外還要記住一點，讓客戶久等也算是無法真正照顧到客戶的需求。因此還需要多方努力，減少讓客戶等待的時間。例如降低前置作業時間、快速換模等等。

即使在同一間工廠或公司內，也不可忘記「後製程是客戶」。比方同一間工廠內，自己的製程要供應零組件給組裝作業，但是零組件的排列卻亂七八糟，甚至沾染油污，導致組裝作業無法立刻展開。若是組裝作業可以馬上開始，作業效率想必就會大幅提升。

今後的製造，不但要提升自己製程的生產效率，更要注意到後製程的需求。對製造能產生貢獻的改善動作，列於左頁圖表中。

重點複習

- ●與供應商、協力公司共存共榮
- ●想辦法讓之後的製程更容易做事
- ●不接收不良品，也不讓不良品流出去

前製程是神明，後製程是客戶

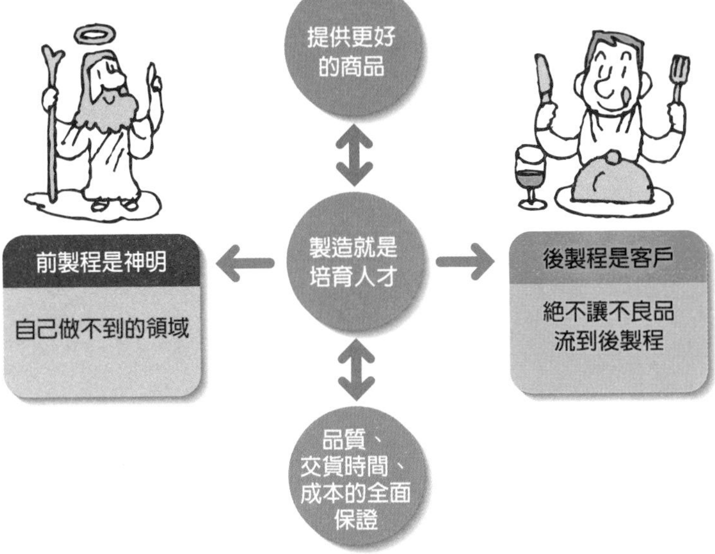

推動改善的方法與概念

名稱	目的	特徵	範圍
改善提案（提案制度）	• 從自己的工作開始進行改善 • 將員工意見反映給經營高層	• 不論單獨一人或全體員工皆可進行 • 進行方式簡單 • 不限制特定期間	全體員工所有部門
TQM（全面品質管理）	• 以品質為主，改善工作 • 品質管理、生產管理、成本管理、產品企畫、設計、採購、業務	• 方針管理、日常管理 • 工作場所活性化（QC團體活動） • 比較容易進行	全體員工所有部門
TPM（全體參與的設備維修）	• 提升整體設備的效率 • 改善生產維修的整體系統	• 全體參與的設備維修 • 提升機器設備的可動率（參考124頁） • 培養熟悉設備的人才	設備計畫製造維修部門
VA／VE（價值分析／價值工程）	• 使產品以最低成本具備必要功的方法 • 設計、製造、系統的成本削減	• 開發、量產階段的成本削減法 • 以功能及目的來思考產品	設計採購製造部門
IE（生產工程）	• 根據經濟法則來設計由人員、物品、設備組成的製造系統，並預測其結果的技術	• 製程分析、動作分析、作業分析、搬運分析、配置分析、生產線平衡 • 屬於理論且專業的領域	主要為製造部門
TPS（豐田生產方式）	• Just in Time • 加了人字旁的自働化 • 徹底排除浪費	• 生產革新 • 徹底的合理化概念與方法 • 由上而下（Top-down）與由下而上（Bottom-up）	主要為製造部門

6 庫存是罪惡

庫存不是資產，它什麼都不是

似乎有很多人到現在還活在過去那個東西做出來就賣得掉的時代。大量製造物品，就算有庫存還是賣得掉，價格也不會太離譜，這都是以前的事了。尤其是身處通貨膨脹的年代，一個東西明天的售價說不定會比今天還高。

市場正在低成長甚至負成長，消費者的口味也逐漸多樣化，生命週期短的商品越來越多。就算做出產品來，銷售情況也不見得就能和自己預期的一樣，更何況後面還不斷有新產品冒出頭。只要是賣剩的東西，價格一定顯著崩盤，這就是目前市場的現況。

一次大量製造雖然可以壓低產品單價，但是賣不出去的多餘庫存並不是資產，它們根本什麼都不是，為了保管這些庫存反而還要一筆花費。只要縱容一次製造過度所產生的浪費，浪費就會再產生浪費，陷入無止境的惡性循環。所以豐田認為「庫存是罪惡」，嚴格掌控必要數量。

這裡所說的「必要數量」是根據市場動向，也就是銷售狀況來決定的，因此製造的工廠並不能隨自己高興任意更改數字。遵循「必要數量」，只在必要的時間生產必要的物品，這就是豐田生產方式的基本思維。

不要以為讓機器產能全開拚命製造，一定是比較有利的。製造能銷售出去的數量後就該把機器停止，獲利並不是東西做出來就算數，而是賣出去才算數。絕不製造多餘的東西，應該是最根本的觀念。

尤其是現今市場需求走向多樣化，少量多樣的生產已是時代潮流，過去利用量產壓低產品單價的做法已不再通用。若不能將觀念轉變為：製造必須配合銷售狀況，企業將難以在這個時代存活。

重點複習

- ●只製造能銷售出去的物品，這觀念非常重要
- ●獲利並非東西做出來就算數，而是賣出去才算數

庫存是萬惡之首

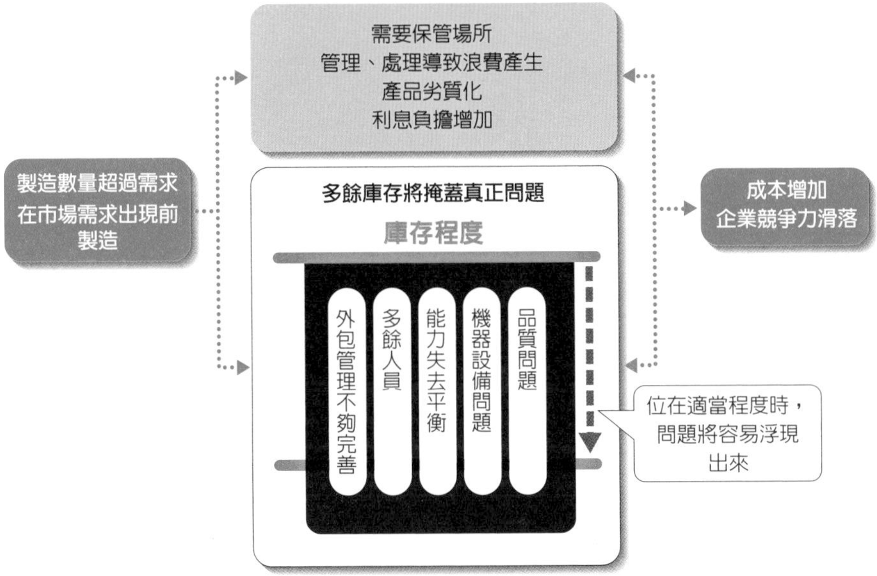

防止問題再度發生的方法

意識改革
1. 庫存是罪惡
2. 必要數量（銷售數量）＝製造數量
   配合銷售狀況來製造

導入目視化管理
1. 庫存管理板
2. 公開庫存資訊

改善發包方法
1. 後製程領取
2. 根據ABC分析來選擇
   A產品－看板方式
   B產品－看板方式
   C產品－定量訂貨方式，包裝法

掌握庫存數量
1. 實物管理方式與事務處理改善
2. 早期發現有問題的庫存數目並採取對策

改善保管方法
1. 設定一定的放置場所，不堆放多餘的物品
2. 集中保管場所，讓管理更容易
3. 使物品外包裝標準化，超過一定數量將無法收納
4. 處理不必要物品之前先展示一段時間

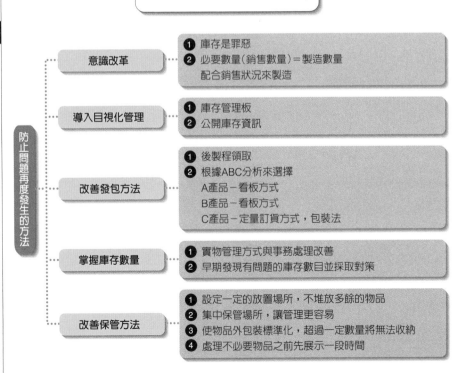

7 徹底激發人的潛能

以人為本、以人為主的製造

製造方法無時無刻不在改變，但「剔除浪費，以更好的想法、更低廉的價格製造出更優良的產品」的原則，不論時代如何變遷，絕不會有所動搖。只要守住這項原則，則不管社會條件如何變化，都能持續開創客源。這是企業的使命，也是企業的課題。使改變成為可能，除了依靠「人的智慧」之外，也必須奉行「以人為本的製造」，這些金科玉律絕對是永遠的鐵則。

因為有工廠作業人員的智慧，豐田生產方式才能成功施行，而且日新又新。這絕非一朝一夕之功，而是基於對「人性」的尊重，重視所有人的思考能力，同時必須配合「看板」與「燈號」（Andon）等「目視化管理」架構，才能得以實現。豐田生產方式不只是製造的方法，而是一個經營系統，告訴你如何培育製造產品和提供服務的人才，以及如何激發出他們的潛能。

豐田生產方式透過將人的潛能發揮到極限的方式，達成迅速因應多樣少量的顧客需求的目標。「發揮人的潛能」這句話其實隱含以下幾個涵義。

① 人的潛能是深不可測的

只要環境條件配合，潛能發揮的程度會令人感到十分驚訝，而且完全無法預測能發揮到什麼地步，因為這和機器能力不一樣，不是固定不變的。

② 無法善用人的潛能，是經營上的一大浪費

對於「人」這項經營資源，應該讓其充分發揮原本的能力才是。

③ 思考能力與提供智慧的能力，最應該受到尊重

人會真正充滿幹勁，不是因為獲得金錢上的報酬或精神上的肯定，而是有機會貢獻、展現他的智慧。

左頁的圖表舉出一部分例子，示範如何開發並善用工廠作業人員的能力，使之成為製造系統架構的一部分。下方的表格則是豐田生產方式中善用人力的範例。

重點複習

- 個人欲望與企業欲望一致
- 滿足自我實現的欲望
- 善用思考能力及智慧提供能力

個人的欲望與企業的欲望

馬斯洛的5階段欲望

❶ 生理的欲望

❷ 安全與安定的欲望

❸ 社會的欲望

❹ 自我的欲望

❺ 自我實現的欲望

員工個人的欲望 → 馬斯洛的5階段欲望 → 工作

能力開發
目標達成
↓
工作

企業的欲望 → 企業的目的、目標的達成 → 工作

工廠作業人員的能力發揮與活用範例

❶ 標準作業

❷ 檢測並判斷、處理異常

❸ 多能工化

❹ 設備維修
技術改善
技術學習

❺ 執行改善

以豐田生產方式善用人的能力

	豐田生產方式	一般生產方式
❶作業標準化	• 由工廠人員製作標準作業 • 採用作業人員的意見，不斷修正	• 由一般職員製作 • 類似加工指示書
❷異常時的因應	• 工廠所有地方都具備可判斷正常或異常之系統，由作業人員本身負責	• 檢測異常的能力較低 • 只有較大的問題才會浮上檯面
❸多能工化	• 有計畫地推動人員多能工化	• 感到有其必要性 • 組織間似乎有隔閡
❹對機器設備的態度	• 人員使用機器設備來製造物品 • 人員必須具備能發揮機器最大能力的技能	• 機器設備是用來製造物品的，人員則是輔助者 • 設備維修是維修人員的工作
❺改善活動	• 平日就以個別主題來推動改善（提升品質、生產效率等），與自主研平行進行 • 追求最高的目標，與技術人員共同合作解決高難度的課題	• 不是工廠作業人員的工作 • 也有QC團體活動很旺盛的企業

8 生產、流通、消費的同時，也與地球和平共存

環保是企業經營的大前提

溫室效應惡化、臭氧層破洞擴大等環保問題不斷發生，如何減少汽車廢氣中的氮氧化物（NOx）等有害物質，以及降低引發溫室效應的二氧化碳排放量，一直是環保人士關心的兩大議題。

要減少二氧化碳，就必須提高汽車的燃料利用效率，藉此降低汽車使用的燃料量。所有製造商都在努力研發相關技術，不過有人指出以前的引擎反而會使氮氧化物增加，能做到的非常有限。

因此油電混合車最近受到廣大矚目，因其能夠同時兼顧提升燃料利用效率及減少有害物質的兩大目標。油電混合車的動力是由引擎與馬達共同提供的。

此外，擁有「終極低公害車」之稱的燃料電池車也已經問世。其原理是以氫氣做為燃料，利用空氣中的氧與之反應而發電，因此排出的物質只有水，不會排放有害物質。豐田和本田兩大汽車製造商已經達成實用化。

為了減少汽車報廢時對環境的傷害，回收使用過的汽車也是非常重要的。將可再利用的零件或材料回收後，經粉碎剩下的殘渣（Shredder Dust），目前幾乎都以掩埋方式處理。日本二〇〇四年度實施的汽車回收法，規範製造商負有回收的義務。現在的回收率約七五％，日本政府目標是九五％。

要提升回收率，就必須連殘渣也加以回收利用。環保機器製造商已經開發出幾種裝置，有的能利用不同溶劑分別回收材料，有的可以利用氣化溶解爐技術來發電，這些裝置將銷售給產業廢棄物處理業者。

汽車業者也從企畫、開發階段開始即採用可回收的材料，以模組化、減少零組件數量、整合樹脂材料等方式提升解體容易度，並減少分類的麻煩。汽車內裝也採用能吸收較多二氧化碳的材料，現在也已經出現可分解微生物的樹脂。

重點複習
- ●防止溫室效應惡化，減少二氧化碳排放
- ●積極推動少能源、省能源、回收利用

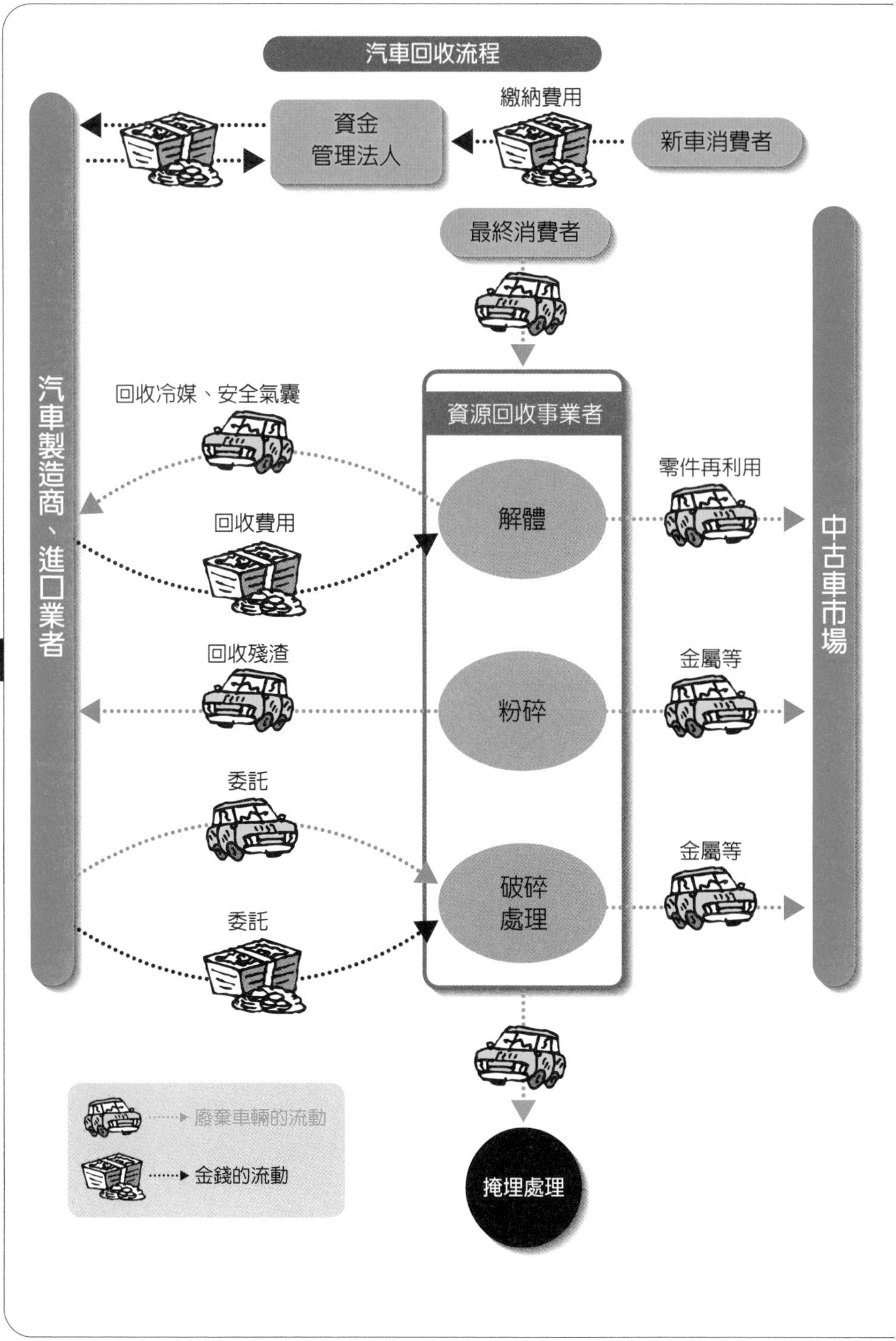
汽車回收流程
資金管理法人
繳納費用
新車消費者
最終消費者
汽車製造商、進口業者
資源回收事業者
回收冷媒、安全氣囊
回收費用
解體
零件再利用
中古車市場
回收殘渣
粉碎
金屬等
委託
破碎處理
委託
金屬等
掩埋處理
廢棄車輛的流動
金錢的流動

9 與結盟企業攜手合作

建立結盟企業合作新關係

「結盟企業」指的是汽車製造商和零組件製造商雙方間具有經濟效益且合情合理的關係，涵蓋「資本與人的關係」、「長期持續的交易」，以及「緊密的資訊共享」等層面。站在長期觀點，汽車製造商和零組件製造商共同努力強化設備投資與技術研究開發，讓原本體質貧弱的零組件製造商成長為具備產品設計能力的專業廠商，幫助汽車製造商達成降低成本與提升產品品質的目標。

一部汽車是由三萬個左右的零組件所構成，其中七〇%～八〇%購自零組件製造商。對汽車製造商而言，零組件的成本與技術的改善能力非常重要，因此近來有些製造商開始捨棄「結盟企業」方式，導入歐美式的供應系統（競標、每年簽約等）。

不過，與汽車基本性能息息相關的特製零組件並不等同一般零組件，一旦連特製零組件都必須倚賴零組件製造商，汽車製造商很可能會喪失獨家技術的優勢。特製零組件的設計需要具備產品設計能力的專業廠商，且必須擁有緊急變更設計時能迅速因應的能力。此外，生產據點遍佈全球的結果，汽車製造商也必須考量如何保持全球生產據點的供應暢通，並培養數量變動時的因應能力，因此汽車製造商目前也正在摸索和零組件供應商之間的「結盟企業」新合作關係。

以前汽車製造商的組裝作業全都是在自己工廠內進行的，現在有些業者已經將部分作業交給零組件製造商。歐美廠商帶動的模組化就是典型的一例，目前這股風潮也逐漸滲透進日本業界。

模組化持續發展下去，零組件製造商的規模會越來越大，其和汽車製造商的關係，以及汽車的製造方法，都將出現重大變化。

不過，模組化會使交貨的物品體積增加，產生較多的運送費用。因此，最近日本開始出現「衛星工廠」。「衛星工廠」指的是，零組件製造商借用汽車製造商組裝工廠的場地，將零組件組裝起來，並直接送到生產線。這可說是新的製造業合作模式。

重點複習

- 與協力公司（結盟企業）合力製造
- 尋找具備產品設計能力的新合作模式
- 導入零組件工廠的「衛星工廠」方式

結盟企業的演變

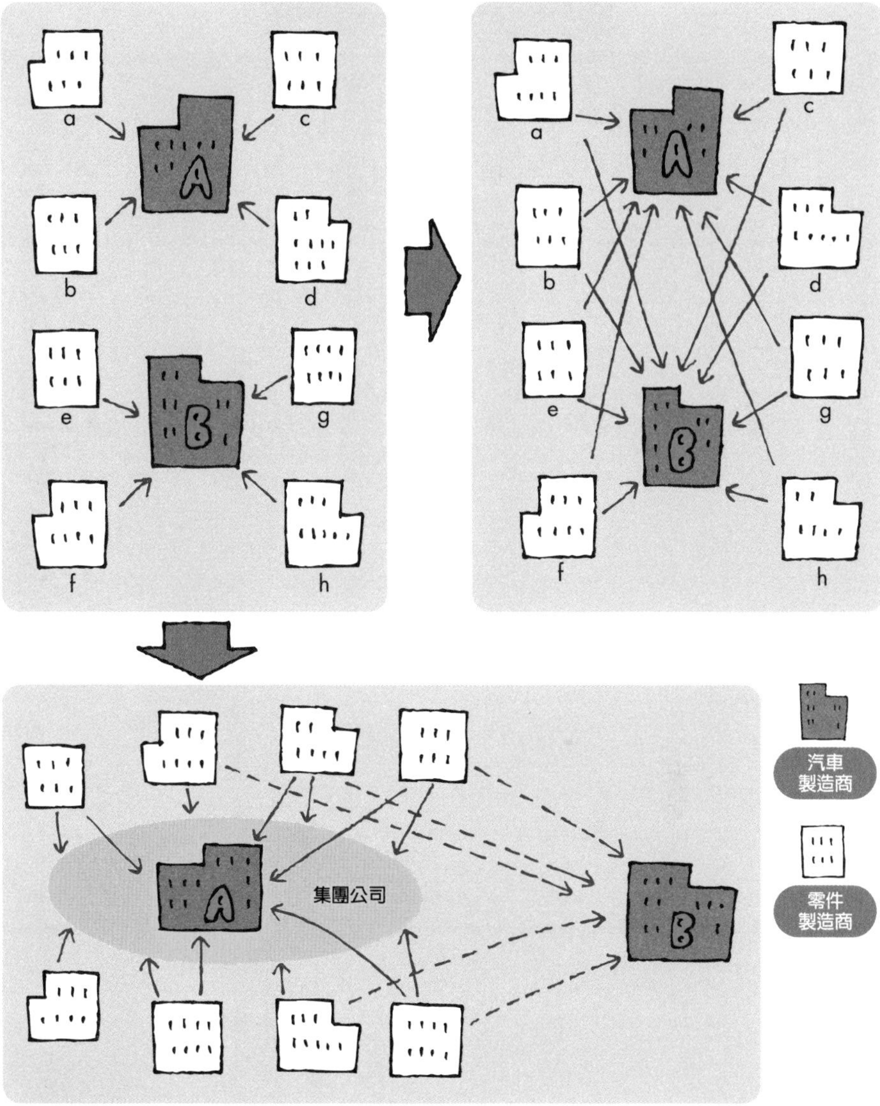

名詞解釋

汽車的基本功能：行駛、轉彎、停止、造型等。

特製零件：獨家設計的零件或與零件製造商共同開發之零件。

模組化：零件製造商將組成系統的零件集合起來預先組裝好，汽車製造商就不需再逐次逐件進行組裝。例如儀表板、座椅組件、車門組件等，以前分別視為一個單位，現在則是汽車的一部分。

10 監督者的任務

監督者是生產線的靈魂人物

監督者必須熟知豐田生產方式，並且能夠徹底剔除切中要害的浪費。換句話說，監督者就是推動「持續改善」的實際負責人。

此外，在生產管理方面，監督者還有兩項重要任務，就是：①數量確保與品質保證；②推動改善，以減少所需人力。

但是這兩項任務卻包含著相斥的要素。要讓兩項任務都能圓滿達成，監督者必須確實掌握工廠狀況，密切注意工廠運作情形。

監督者要具備作業分配、作業方法的訓練、Q・C・D計畫的達成、設備維修、物料準備、換模等工作上的管理技能，還要能將異常狀況「標準化」，讓作業人員能覺察到異常狀況的發生。此外，管理異常狀況、使這些狀況能讓「任何人一眼就能判斷且得知」，更是管理中的重點。

生產線停止或製造出不良品時，很容易知道一定有異常狀況發生了。然而，讓製造成本增加的「異常」卻不易察覺，因此更需要特別注意。

監督者要明白，停止下來的生產線會讓問題凸顯出來，因此在發現異常狀況時，應該要主動停止生產線，努力從根本解決問題。

解決問題的順序，應該是從改善作業開始，接下來才是改善設備。按照這個順序確實執行，是非常重要的一件事。削減人力不可勉強推行，要落實改善方案更非一蹴可幾的事。

生產線上的事，監督者既不可事事都要插手，也不能完全放牛吃草。要找出改善的地方，監督者必須親自動手，同時也是給作業人員一個良好示範。監督者要牢記以下三件事情：

①常常巡視現場（養成判斷異常的能力）。
②確實管理並指導下屬（讓下屬照自己想法做事）。
③具備遠大的目光，能審視全體狀況並加以判斷（永遠知道該怎麼做最好）。

重點複習

●早期發現異常，早期處理，並持續改善
●數量確保、品質保證、削減人力的實質負責人

監督者的資質與任務

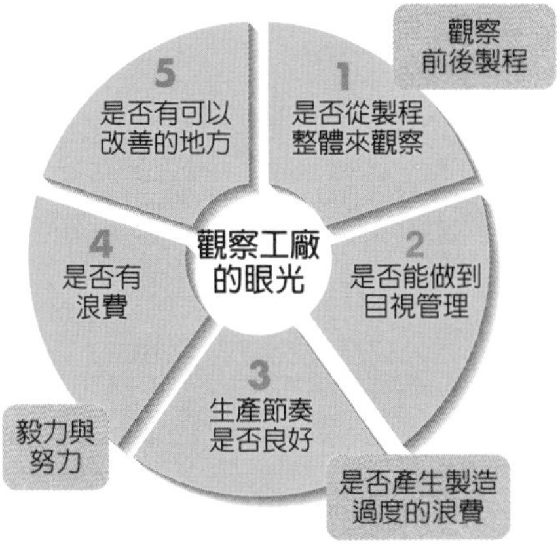

❶ 是否能主動停止生產線
❷ 是否確實做好整理整頓
❸ 是否充分標準化
❹ 是否重新審視看板

改善的步驟

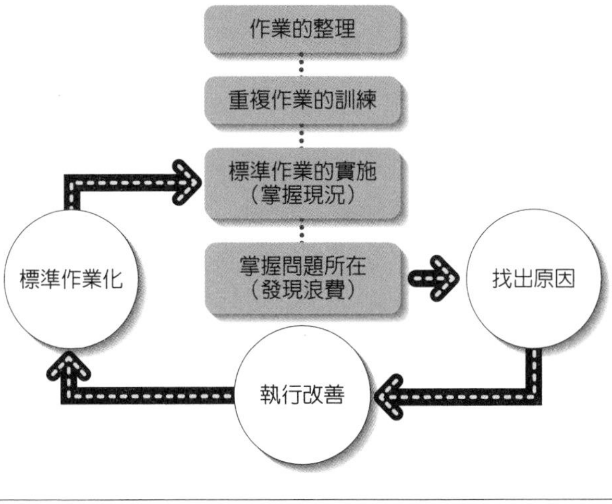

名詞解釋

Q．C．D：品質（Quality）、成本（Cost）、交貨時間（Delivery）的簡稱。

11 透過自主研究會，改善企業的體質

「自主研」是「豐田生產方式自主研究會」的簡稱，這是一個為了將豐田生產方式的看法、做法導入自己公司或製程內所發起的研究會。

有些研究會只限於自己公司內部，由母公司特別指導，不過一般的研究會都是在母公司的支援下，結合了數家公司的力量，大家互助合作，以集團研究會的方式進行，此時稱為「合同自主研」。

「合同自主研」的活動以一年為單位，年初時訂定整體活動計畫，先決定進行主題、參與的公司（會員）、擔任會場的公司等。接著會員接受基礎講習，並對自己公司預計實施豐田生產方式的工廠，調查過實際狀況之後，合同自主研即正式展開。

基礎講習就是豐田生產方式的讀書會，由負責支援的企業講師，以豐富且淺顯易懂的改善範例實施導入教育。

合同自主研的實施根據既定計畫，分成數次，由會員公司一起到擔任會場的公司去，參加該公司活動主題的改善，透過實踐活動親身體驗並了解改善方法。如此一來，不但擔任會場的公司能享受改善成果，會員公司也可學習到指導能力，可以應用在自己公司上。

「公司內部推動」則是在各公司高層人士的主導下，根據登記主題實施的活動，與合同自主研同時進行。會員一方面在自己公司內部推動從合同自主研學習到的改善方法，一方面利用做出來的成果讓改善活動更加深入，這就是最主要的目標。

合同自主研的成果，是根據每年的計畫表來確認，必須接受支援者的檢驗，並在共同發表會公布。在自己公司內部推動的「公司內部推動」也是一樣，活動成果必須由高層人士確認過後，在公司內的發表會上公布。

「最後檢驗」的實施方式，則是與研究會開始前的調查結果互相對照，由會員全體參加共同發表會，並到各公司的工廠去舉行。

重點複習

- ●豐田生產方式的等級提升與企業體質的強化
- ●從基礎講習到公司內部推動，都要在工廠進行
- ●兼顧人才培養與改善實施的效果

活動進行方法

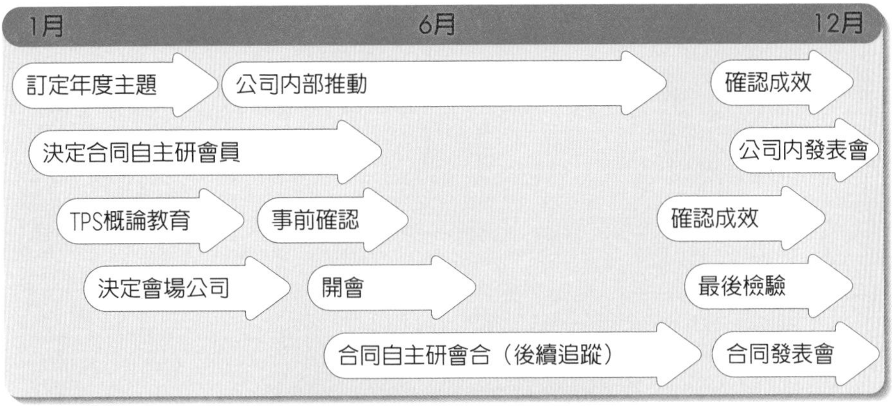

自主研的種類

分類	目標	活動
基礎教育 TPS讀書會	培育能達成提升生產效率的改善(提案)人才	❶ 以教科書集中教育 ❷ 研究前一年會場公司的例子
合同自主研 在會場公司舉行	透過實際執行，學習改善方法，培養實作能力	❶ 在開會之前各自在自己公司推動，讓問題凸顯出來 ❷ 執行改善提案並確認成效
公司內部推動 在自己公司舉行	達成削減成本的目標	❶ 由高層主導的自主研 ❷ 決定公司內部會員 ❸ 訂定明確的主題與目標

TPS自我評量表範例

No	項目	A	B	C	D	E	事前	事後	評價
1	物品與資訊的流動	已由公司內部製作好並使用中	應用於日常管理之中	公司內部有能力製作	理解其目標，但無法製作	有聽過			
2	標準作業表	↑	↑	↑	↑	↑			
3	原單位	↑	↑	↑	↑	↑			
4	換模標準作業表	↑	↑	↑	↑	↑			

12 確保安全為首要之務

安全的行為與機器設備的本質安全化

安全和環保都是與企業基礎密切相關的重要事項。基於豐田生產方式的理念「對人的尊重」與「安全就是管理，從上到下每個人都負有安全第一的使命」的基本方針，最近豐田打出下列口號：

①挑戰「零重要災害、零重要疾病」，強化防患於未然的機制與體質。

②打造身心健全的工作環境。

此外，由於安全與「人」和「物」息息相關，關於這個問題，豐田正在各工作單位推行下列活動：

①培養行為安全的人，建立活動安全的職場。

②設備的「本質安全化」。

災害的發生，大部分都是起因於「人」的不安全行為，或機器的不安全狀況。因此企業持續推動機器設備的本質安全化（企業所提供的機器設備，在作業人員採取不安全的行為時，依然能夠保證作業人員的安全衛生）。最近的機器設備，由於朝向自動化、軟體控制化發展，危險因子更加不易查覺，故障安全處理（Fail Safe）、防呆（(Fool-proof)、連鎖裝置（Interlock））等解決方式因而紛紛出籠。

發生災害多半是因為「人」隨便接近或啟動機器設備，而且反應太慢。因此，要應付短暫停止、修復完畢後、產生不良品、作業中斷等標準作業範圍外的狀況，強化作業人員不讓災害發生的意識，是非常重要的。

除了實施日常作業開始時的安全確認以及非日常作業時的4R-KYK（4回合的危險預測），同時要教育、訓練作業人員，使之即使一個人工作，也能獨立執行KYK。

避免勞動災害也是極為重要，尤其是重物作業，作業姿勢、次數及時間應該加以量化，做成評量表，以促進作業環境（排除或轉換化學物質、粉塵等）改善。

重點複習

- 安全就是管理
- 培養行為安全的人，建立活動安全的職場
- 水覆難收

機械安全的基本原則

❶ 環境若不夠完善，無法改變人的意識
（預防災害發生，必須從去除人的不安全狀態與培育人才著手）

❷ 本質安全化
簡單與簡潔
減少「短暫停止」狀況發生
提升信賴度
使之容易維修
連鎖化

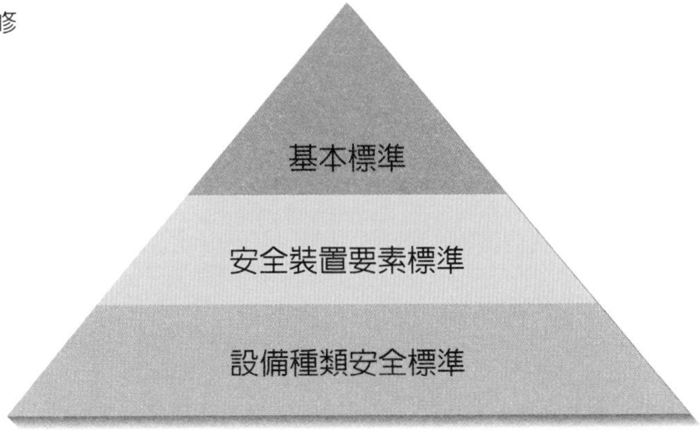

4R-KYK

1. **掌握現況**：**發現危險因素（因為……，有可能導致……）**
2. **追求本質**：**知道哪些行為會是危險的**
3. **建立對策**：**訂定安全的行動守則**
4. **設定行動**：**訂定應該怎樣做的行動方式（我們應該……）**
   〈眾人把手互相交疊，一同呼喊〉

【使用場合】晨會或開始作業時（尤其是開始非固定作業時）的KY大會

13 致力成為「零廢料」工廠

推動工廠內廢棄物減量，先選擇示範工廠

一般製造工廠在產品製造的過程中，總免不了會產生一些排出物或廢棄物。廢棄物可分成焚化處理垃圾和掩埋處理垃圾兩種；排出物則有污水、廢氣等，都會對環境造成不良影響，因此近來要求廢棄物減量甚至工廠零廢料的呼聲越來越高。其中廢棄物的掩埋地和焚化廠的問題，也廣受各界關注。

隔熱材料、耐火材料、化學處理過程中產生的沉澱物（如塗裝前打底處理的殘屑）、從地板或溝槽中掃出來的灰塵紙屑等，這些不容易回收的不可燃物就屬於掩埋處理垃圾。零件的保護套、脫模劑、塗裝用的遮蔽膠帶、包裝材料等不容易再利用的可燃物，就是焚化處理垃圾。

要推動製造工廠的廢棄物減量，與其發動全公司一起進行，不如先訂立公司目標，再選擇一個示範工廠，成立計畫小組來負責企畫、實施、評估等，更容易產生效果。具體的推展行動包括製作垃圾分類公約（管理表），詳細分類垃圾種類，並調查垃圾產生的過程，明確提出再利用、代替、回收，以及做為其他商品的資源等改善方案。

某個汽車製造商打出「混在一起是垃圾，分門別類成資源」的口號，將示範工廠的成果推展到全公司和全事業單位，成功達到工廠垃圾零掩埋的目標，目前正在挑戰更高的「垃圾零焚化」的目標。這家公司達成垃圾零掩埋的方法，首先是將零件保護套回收後給進貨商再利用、廢棄的塑膠材料用來製作燃料、停止使用塗裝用的遮蔽膠帶（色膠帶化），以及建立不會產生廢棄物的生產線等等。

最近輿論風潮則是，開始要求在產品製造的過程中即減少廢棄物和二氧化碳，因此現在新產品從企畫、設計階段就開始朝著「零化」努力。

此外，工廠也應該致力減少能源消耗、盡量做到省能源、提升物料良率、推動零不良品，最好能設法取得ISO 14001的認證，這也是回應社會需求的方法之一。

重點複習

- 混在一起是垃圾，分門別類成資源
- 努力在新產品的企畫設計階段就「零化」

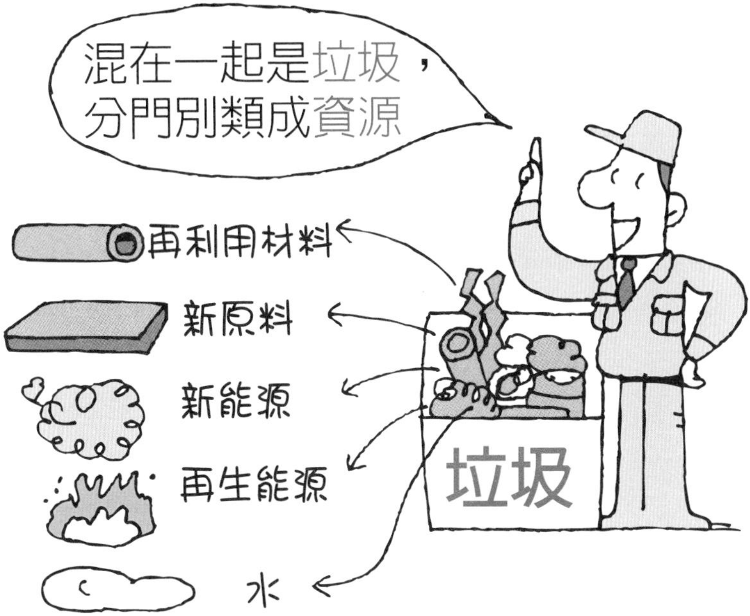
混在一起是垃圾，
分門別類成資源
再利用材料
新原料
新能源
再生能源
水
垃圾

什麼是TPS？

豐田汽車如今已是全球知名的大企業，其成長的基礎是在一九五〇年奠定的。當時豐田面臨破產危機，在公司高層絞盡腦汁之下，才產生以「Just in Time」及「加了人字邊的自働化」為兩大支柱的生產系統，亦即簡稱為「TPS」的TOYOTA Production System。

豐田生產方式的靈感來自超市的銷售模式。消費者上超市只會採購他們需要的物品，而超市也只會補上賣掉的貨物。

催生TPS的大野耐一先生，就是將此原理應用到汽車製造商，並加以落實，在一九五四年把「看板」這個工具導入了TPS。

TPS不是一成不變的生產方式，而是具有哲理、每天都在進步的生產方式。持續思考該如何才能迅速提供消費者更加物美價廉的商品，改變製造、物流等等方式，因應時代的需求不斷革新。

●豐田生產方式的起點

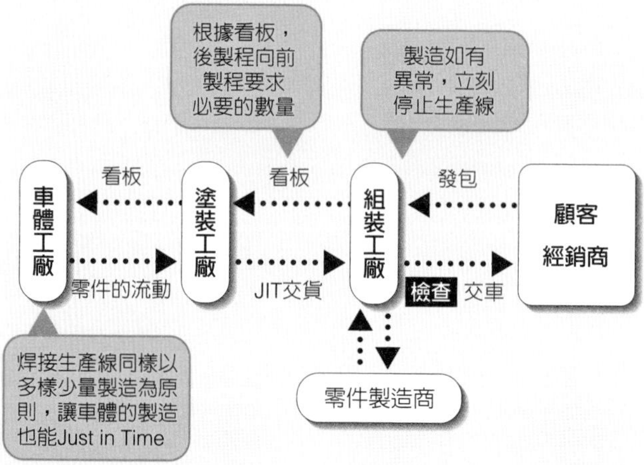

第 2 章

品質保證

14 在間接部門推動科學SQC

豐田的SQC復興運動

從豐田推展開來的統計品質管制（Statistical Quality Control, SQC），開始時其目的主要是將過去應用在製造或技術部門的問題解決方式，用來幫助管理、銷售、客服部門等間接部門，解決他們的問題。從過去以數量、測量數字為基礎的「貨物品質問題」解決方案，發展到以語言資訊為基礎的「工作品質問題」解決方案，這就是「SQC復興運動」。所謂心知肚明的「默契」常是間接業務流程中的阻礙，而科學SQC就是有系統地將「默契」開誠布公的方式。從經營的觀點來看，科學SQC是由四個核心原理所構成的。

第一是科學的研究態度。不偏重分析，從問題設定到目標達成，都採用科學的歸納式SQC方法，發揮優秀的觀察力。第二是逐步攀峰解決問題。運用累積下來的技術能力，以及品管七手法（Q7）、新品管七手法（N7）、基礎的SQC方法、多變量分析法、實驗計畫法等品管方法，分析問題的實質結構。

第三是綜合性網路。為使重要的技術問題確實解決，並協助將原本自認為共有的默契「化暗為明」，而把登錄、搜尋、SQC方法範例集、實踐指南、問題解決流程圖等加以組合，使之得以應用。第四是管理SQC。為解決根深蒂固的技術問題，除了要將默契開誠布公，還必須提升技術水準，使之有益於新技術、新製法、新物料等的研發。

要善用科學SQC，了解並應用SQC方法是非常重要的。現在已經有完整的訓練課程，且修畢課程的人可獲得SQC專業顧問或專業建議師的資格。獲得證書的人有的正在帶領各事業單位、各公司推動科學SQC，有的則是指導實踐方法，希望讓更多公司採用這些方法。

名詞解釋

Q7：QC七大手法。
基礎SQC：矩陣圖法、韋伯（Weibull）法等等。

重點複習

- 將默契「化暗為明」的科學SQC
- 善用Q7、N7等
- 專業顧問或專業建議師資格

15 ＩＴ時代的ＴＱＭ

技術、製造、銷售三位一體

豐田整個公司的ＴＱＭ（Total Quality Management，全面品質管理），是以製造部分的ＴＰＳ（TOYOTA Production System，豐田生產方式，以Just in Time與自働化為兩大支柱的製造哲學及經營哲學）為核心，並包括產品開發設計部分的ＴＤＳ（TOYOTA Development System）及銷售服務部分的ＴＭＳ（TOYOTA Marketing System）。ＴＱＭ發源自工廠現場的ＱＣ（品管）活動，對組織的活性化與打造提升成員意願的職場，發揮了相當大的功效。

以前的ＴＰＳ侷限於製造部分的實踐哲學，ＴＱＭ則是進一步推展到「製造準備→新車開發」以及「物流→銷售」，可說是將技術、製造、銷售三個部門結合成一體的系統。

透過ＩＴ的運用，ＴＱＭ將原本單純的製造業，轉變成人員與電腦共同合作的資訊知識加工業。ＴＱＭ的基本三大精神是：①重視客戶；②不斷改善；③全體參與。ＴＱＭ的目標就是讓公司能在互相協調的狀況下逐步成長。

關於ＩＴ與ＴＱＭ的關係，豐田提出了：①聚焦於客戶滿意度的ＩＴ化；②能讓人改善的ＩＴ化，以及③看得見實際成績、評價、過程的ＩＴ化。

第一項「聚焦於客戶滿意度的ＩＴ化」，現在講究的客戶滿意已經從ＣＳ（Customer Satisfaction）發展到ＣＤ（Customer Delight，比滿意更高一級的驚喜），且汽車製造商也早已不是單純提供「汽車」這個硬體，而是開始提供汽車關於社會的生活價值（Life Time Value），也就是朝向軟體服務發展。

第二項「能讓人改善的ＩＴ化」，則是在日常活動中就不斷重複改善與革新，推動持續的改善。

第三項「看得見的ＩＴ化」，則包括將業務流程可視化，以及建立資訊共享環境（協同運作）等。

重點複習

- TQM是提升人員與組織活力的系統
- TPS為其根本
- TDS與TMS的輔助，讓公司在互相協調的狀況下逐步成長

16 製造的同時就做好品管

絕不能流出不良品給後製程，因為後製程是客戶

出現不良品或瑕疵品時，必須要重複「檢查→修改→檢查」的過程，導致人力的耗費，而且就算已經盡最大努力修復不良品或瑕疵品，也不能保證修復後的產品品質與良品無異。

製造的同時就做好品管，意思就是在自己的作業範圍內，由自己做好品質管制的工作，而不是抱持「我加工你檢查」的想法，把品管責任丟給別人。專任檢查員在製程外的檢查，這項工作並不能產生附加價值。製程外的檢查員或修復員人數越多，工廠附加價值的比例就越低，成本也會隨之增加。

要達到製程內的品質保證，作業人員本身要負起責任，檢查自己所加工或組裝的物料是否一切沒問題，才移交給後製程，這也是作業人員的義務。若按照標準作業流程，雖然可以完成全部檢查的工作，但是在不可增加成本的前提下，必須從設定檢查指標或防呆設計等著手，致力減少所需人力。

透過以上種種方法，讓檢查在製程內完成，不另外設置專任的檢查員，就有辦法在製造的同時做好品管。當然，作業人員自己也必須強烈認知到「後製程是客戶」，絕不讓不良品流到後製程去，因此作業人員的觀念教育也十分重要。就算剔除了直接製程中的浪費，削減了人力，卻讓後製程接收到不良品，結果變成增加檢查和修復的步驟，以致必須另外耗費人力，反而弄巧成拙。

從上游管理品質，可以防止問題再度發生，提升品管效率。若當後製程發現不良品時，不可以幫忙修復，首先一定要盡快聯絡前製程。而接到通知的前製程必須立刻暫停作業，徹底檢查找出原因。修復不良品應該由製造出不良品的部門負起責任，由該製程的負責人員來修復才是。

重點複習

- ●加強檢查不會提升品質
- ●製程內的品質保證要自我負責
- ●廢除不會產生附加價值的專任檢查員

製造時就做好品管之重點及工具

時間點	實施項目	工具
開始作業時 	• 機器設備檢查 • 作業條件確認 • 初物重點確認	• 設備檢查表 • 作業標準 • 防呆裝置 • 界限測量儀器 • 限度範本
正在作業時 	• 作業要點確認 • 標準作業執行	
結束作業時 	• 終物重點確認 • 4S執行	

17 「重視實際狀況」是減少不良品的原則

確實做到三現（現場、現物、現實）

想要知道實際狀況，找出異常的原因或問題發生的所在時，一定要親自到製造現場去，親眼確認不良品究竟是如何產生的。若是不到現場，只靠收集資料來研判，常常會造成誤判。秉持徹底追查真正原因的想法，親臨現場，總是將「何謂實際狀況」放在心頭，才是正確的做法。

有個辭彙叫做「三現主義」，「三現」指的是「現場、現物、現實」。問題發生時想要找出解決方法，一定要先到製造現場去，當場仔細觀察不良品是如何產生的，並面對現實。不可忘記追求真相的熱誠，以冷靜的頭腦分析現實狀況。

只有確實掌握周遭狀況，不扭曲事實，才能知道事情發生的真正理由為何。此外，以不帶偏見的客觀眼光來看實際狀況，才能獲得事實的真相，這點非常重要。

要能觀察並分析實際狀況，就必須對異常（改善對象）的實際情況，具有某種程度的了解。以一般業務改善為目的的分析，必須要細分每個業務項目，再針對要改善的業務項目，分析與其相關的整體狀況。要進行這樣的分析，一定要在現場確實掌握真正的狀況。就算產生不良品，只要當場能控制住，也會比較容易找出原因，並立刻擬定對策。屆時，連問五次「為什麼」將協助你發現真正的原因在何處（請參考第五〇頁）。

分析本身並不會改善業務，它只是一個方便的工具，幫助你有系統地收集複雜的資訊，而這些資訊當中含有實際狀況。分析是讓你更順利解決問題的好用工具。

關於用來釐清事實關係的方法，最具代表性的就是「５Ｗ１Ｈ」。第一個Ｗ是做什麼（What），第二個Ｗ是為什麼（Why），第三個Ｗ是誰來做（Who），第四個Ｗ是何時做，或是要花多久的時間做（When），第五個Ｗ是在哪裡做（Where），最後一個Ｈ是如何做（How）。

重點複習

- ●所有的線索都在現場
- ●連問五次「為什麼」，徹底分析問題
- ●以５Ｗ１Ｈ釐清事實關係

重視事實

18 以異常來管理

將作業標準化，找出異常所在

豐田生產方式將作業徹底標準化，與標準不同的現象都視為異常，加以重點管理。所謂將作業標準化，就是清楚訂定標準作業，並要求作業人員確實遵守。順帶一提，標準作業的三大要素是「拍子時間、作業順序、標準待工待料」。其他如物料或庫存方面，必須明確指示保管場所及數量，並使用「看板」進行管理指示；安全方面則必須設定安全作業基準。

如此將工廠所有的事務加以整理、規則化之後，如果發生不一樣的現象，那就是「異常」，必須設法解決。比方生產線的作業中，發生了「東西卡住了」或是「後面囤積庫存品」的狀況，這就是異常。若要以異常來管理，則必須使用「目視化管理」的方式，因此需要「燈號」（Andon，一種會發光的指示燈裝置）及「看板」的協助。

仔細看看發生的異常狀況，絕大多數都是物料或零件、有問題的設備，或是規則設定出錯。當生產線停止或出現不良品時，所有人都會知道發生異常狀況，但是會導致生產成本增加的異常卻很容易被忽略，因此要特別注意。

此外，持續以異常來進行管理，可以逐漸擴大負責人的管理範圍，提升負責人的管理能力。運作正常的時候什麼事都不用做，一旦發生異常時就要把握時機，立刻找出重點迅速解決才行。

除了重點管理異常之外，要如何將之導向改善，也是非常重要的。「標準化→發現異常→追查原因→改善→標準化」的流程，應該一直重複下去。

也就是說，只要發現和標準不一樣的情況，那就是「異常」，必須早期發現。建立起這樣的機制之後，「異常」就應該當成「問題」，並盡速謀求對策，徹底執行。

重點複習

- ●標準作業是一切的基礎
- ●重點管理異常，並持續「標準化」和「改善」
- ●建立早期發現「異常」的機制

以異常來管理

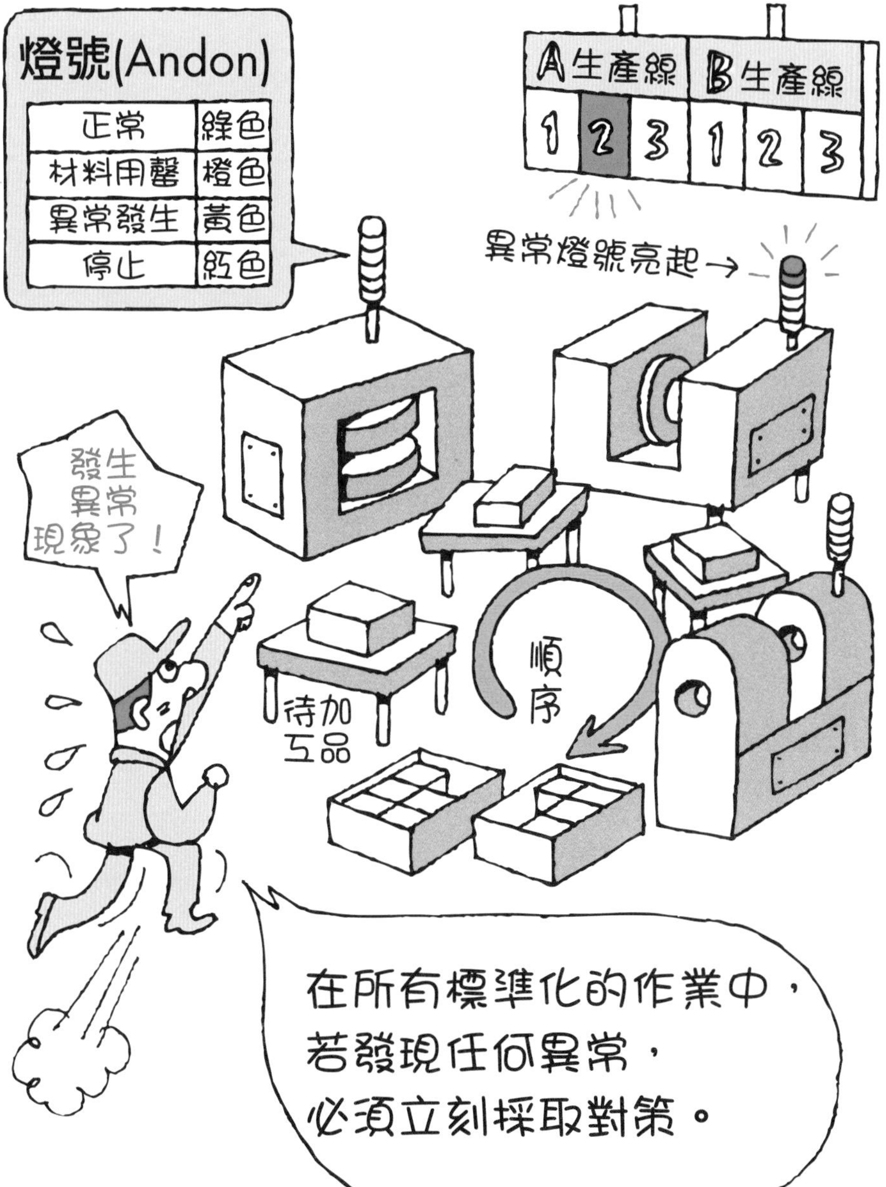
燈號(Andon)
正常 綠色
材料用罄 橙色
異常發生 黃色
停止 紅色
A生產線
B生產線
1 2 3 1 2 3
異常燈號亮起→
發生異常現象了！
待加工品
順序
在所有標準化的作業中，
若發現任何異常，
必須立刻採取對策。

19 連問五次「為什麼」，追根究柢找原因

徹底找出真正原因

工程分析等常使用5W1H（Why、What、Where、When、Who、How），其中的Why（為什麼）也可以應用在製造業，多問幾次為什麼，找出問題發生的真正原因。

當問題發生時，不能只是解決眼前所見的直接原因，讓機器恢復原狀就算了，一定要抽絲剝繭、找出問題發生的真正原因，再加以解決，否則問題就不能算是真正獲得解決。但是實際上，生產線停止的時間很短，因此大部分的人都還是只能考慮到眼前的問題（例如只把發生故障的零件換掉）。

在豐田，生產線發生問題時，作業人員可以主動將生產線停下來，然後判斷問題是：①作業人員的問題、②生產設備的問題、③物料的問題，或是④製程本身的問題。此時不斷重複問「為什麼」，找出問題的真正原因，以期從根本處解決問題。

不能只滿足於解決偶發的問題，如果不連問五次「為什麼」，對問題的原因追根究柢，就無法防止問題再度發生，甚至可能導致更大的問題產生。

真正原因就是最基本的原因。比如生病、發燒或頭痛，這些只是表面的問題，生病的原因是「病菌」，而我們就必須找出「病菌」是什麼。

影響品質的因素有很多，因為某個特定因素而使問題偶然發生，雖然可能是無可避免的事，但事後一定要補救，避免因為同一個因素而再度發生問題。因此必須連問五次「為什麼」，找出原因並徹底根治。

這個做法的執行和工廠作業人員所進行的改善活動密不可分。如果問題發生時不能找出真正的原因，那就表示也無法防止問題再度發生，也不能「水平推動」。因此作業人員必須親身實行，找出問題發生時的真正原因。

重點複習

- 與眼前的原因相較，解決真正的原因更要緊
- 防止因為同一因素而再度發生問題
- 不能只是緊急處理問題就算了

機器突然停止時如何找出真正原因

次數	為什麼	原因	短視的解決方法
1	為什麼停止下來？	馬達負荷過重導致保險絲燒斷	更換保險絲
2	為什麼負荷過重？	潤滑油不足	增加幫浦容量
3	為什麼潤滑油不足？	幫浦抽取的潤滑油不夠	更換幫浦
4	為什麼抽取量不夠？	幫浦的軸心異常磨損，運轉不順暢	更換幫浦
5	為什麼異常磨損？	粉塵滲進潤滑油中	在抽取潤滑油的地方設置過濾器

20 不製造不良品的檢查

徹底剔除製造不良品的浪費

「不製造不良品的檢查」和「製造的同時就做好品管」其實意思幾乎相同，都是基於「後製程是客戶」的思維，不讓不良品流到後製程，在自己的製程內就確實做好檢查。從「發現不良品的檢查」再進一步，就是「不製造不良品的檢查」。這個方法包含下列幾個項目。

源頭管理

這個方法是從制定產品規格階段或開發階段開始，就努力解決與產品品質相關的問題。此外，還要管理會影響產品品質的加工條件，檢測異常狀況，在不良產品出現之前就做好應對措施。

主動檢查

作業人員在加工製程或組裝製程中主動加入檢查機制，當似乎會產生不良品時發出警報，防患於未然，藉此阻止不良品流入後製程。還有，若是真的出現不良品，也能確實檢查出來，不讓後製程接收到不良品。

依序檢驗

在加工製程中，每一個在別的製程之後的製程，都詳細檢查從前面製程拿到的產品、提醒前一個製程，藉此防止連續產生不良品的情況發生。和源頭管理及主動檢查相較之下，依序檢驗似乎是較為消極的方法，不過由第三者來檢驗比較容易發現不良，如此可防止之後產生不良品，大幅減低不良率，效果是相當驚人的。

全部檢查

抽查雖然具有統計學的學理根據，但其實也只能說是「檢查方式的合理化」，而絕不會是「品質保證的合理化」。產品本來就應該要全部檢查，但即使如此還是會有錯誤。要做到真正的品質保證，除了推動作業人員的觀念改革之外，並應該建立以「不製造不良品的系統」代替檢查的機制。

重點複習

- 主動檢查，不讓不良品流入後製程
- 從全部檢查進一步推展不製造不良品的系統

不製造不良品的檢查

源頭管理

開發設計階段的管理

生產技術階段的管理

主動檢查

加工的同時就做好檢查
在製程內設置物理性檢測方法

依序檢驗

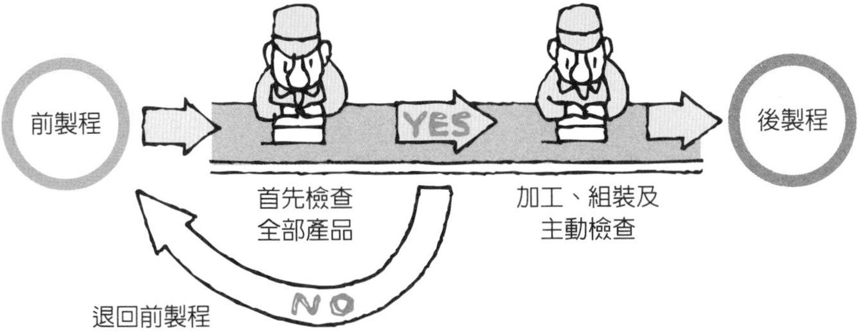

將品質三惡掃地出門

品質保證是顧客主義的表現，「加了人字邊的自働化」將其具體化，主要行動就是確實發現異常、不讓不適合的產品流入後製程。

透過自働化，只要是別人交付的物料或零件、從前製程收取的物料、自己的製程製造的物料、最後檢查的產品，以上不論在哪個部分中發現不適合的東西，就應該立刻停止作業，進行適當處置。因此必須做到下列三點：

①作業人員發現異常時，應主動停止生產線。

②為防止作業人員的人工錯誤，需做好源頭管理、依序檢驗、防呆設計。

③自働機器整體檢測出異常時，應自動停止運作。

此外，品質保證一般是由各生產線最後檢查製程的專門檢查來執行。還有，品質基準是根據市場需求、該商品的市場競爭狀況等訂定出來的商品企畫設計而決定的。

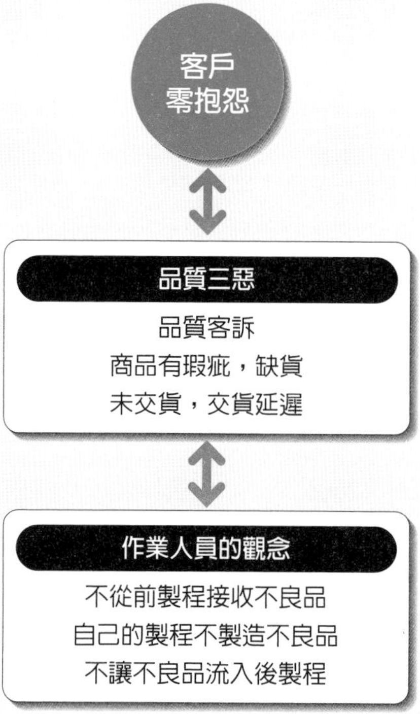

第3章
平準化

21 平準化製造

Just in Time製造是最大前提條件

「平準化」就是將產量平均化，使製造方法（生產順序及流動方法）一致。其目的在於，盡量讓每天製造的項目和數量平均，使製造所需的人力及設備能夠趨於穩定。

整個製造流程不會只有一個製程，而是由多個製程串連起來的。如果某個製程不按正常時間（依照拍子時間）製造，則從前一個製程而來的物料流動就會不穩定，甚至產生缺貨（製程中沒有可供加工或處理的物料）或製程中庫存的情況。為了不想發生缺貨的狀態，企業往往在前製程增加本來不需要的人力或設備，如此反而造成損失。一般都認為，持續製造同一件產品是最有效率的製造方式，但是集中製造會破壞製程全體的數量平衡，導致缺貨或半成品庫存的產生，無法穩定製造。

豐田生產方式則是以各製程的拍子時間取得製造能力的平衡，以「看板」來進行產量的細微調整。要注意的是，若無法按照拍子時間製造，製程就會失去平衡，反而妨礙製造。因此，「按照拍子時間製造」是最重要的前提條件。以下列出以平準化為前提的Just in Time製造基本原則。

①訂定拍子時間：掌握具體的必要數量（該以多快的速度製造多少件某特定物品）。
②後製程領取：製造指示資訊的一貫化（看板）。
③流程生產：使製程流程化（原則為單件流製造）。

此外，要達成平準化，必須做到下列改善：

①對作業人員施以複數作業的教育訓練，並使之熟練。
②小批生產化，盡量減少換模時間。
③設法防止作業錯誤或製造出錯（防呆設計、自働化）。

製造的本質是確定訂單。減少前置時間、小批生產、不容許庫存的存在，以混流生產調整餘力，讓上游製程負擔平均，才是正確的「平準化」。

重點複習

●以拍子時間為製造基準
●使物品種類與數量平均化之後，再行製造

混流生產（思考方法之一例）

假設在同一製程內生產a、b、c三種產品，以平均拍子時間製造：

●**若拍子時間　a：30秒　b：45秒　c：60秒**

a＋b＋c＝135秒　→　平均拍子時間為　135秒÷3＝45秒

因此可以混合製造三種產品，以拍子時間45秒進行「同步化」作業

●**混合製造三種產品時**

a產品偶爾必須停止製造

b產品可按照平常速度製造

c產品必須增加製造次數

平準化（思考方法之一例）

在「平常作業可吸收之範圍內」盡量減少「不平均的狀況」

●數量或時間的平準化

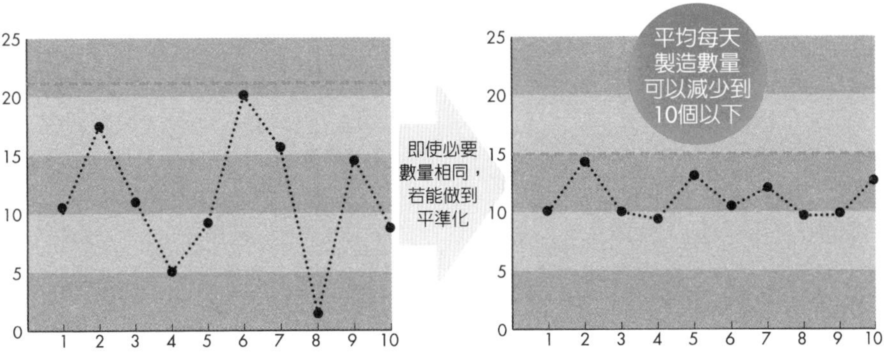

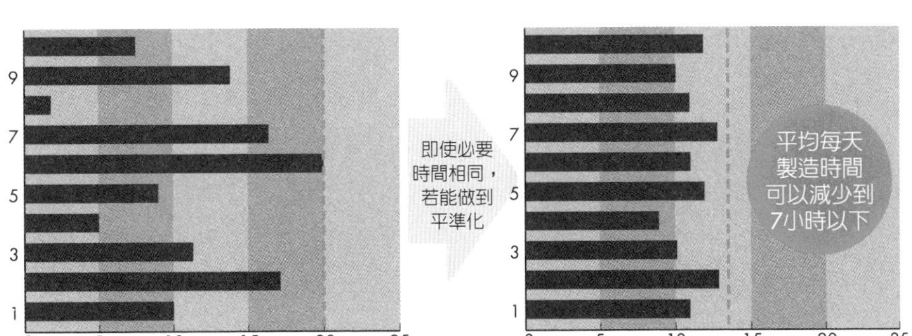

22 初期管理（二）【特別管理】

以往，從試做到量產的時間長，產量也多，產品壽命較長，所以就算初期管理（新產品研發管理）出了問題，也仍有充分時間足以改善、回收損失，也比較容易重新獲得消費者對企業的信任。

近來研發準備時間越來越短（出現電腦模擬試做的趨勢），加上以最大產量來研發，產品壽命又短，一旦研發失敗，要恢復原狀所花的費用十分龐大，重新獲得消費者的信任更是困難。因此對製造業而言，初期管理已成為最重要的管理議題。

一開始，初期管理的主要目的是確保量產的品質問題，以品質為最優先考量，即使耗費時間或金錢也在所不惜。但是最近主要目的逐漸轉變成「Q・C・D最佳化」（Q・C・D：品質、成本、交貨期），以期將研發問題降到零。要達到這個目的，下列幾項事前準備作業開始受到重視：

①盡早確保最佳品質特性。
②適當且低廉的製造準備。
③建立並維護「維持管理體制（系統）」。

此外，產品設計的標準化和IT化（CAD電腦輔助設計、CAM電腦輔助製造）、組裝研究與評量的IT化（電腦模擬等）等運用，使用的方法越來越具有優勢。尤其是DR（Design Review，設計審查），不僅使用在產品設計階段，現在已經從企畫到開始量產、甚至市場意見等製造的各階段關卡，都廣泛使用。

過去的DR主要應用在產品設計部門，而且只有在上司審驗設計圖的階段才使用。近來各部門都在努力，將事前分別研究的結果彙整起來，一一確認有無問題、如何因應以前的問題、製造的難易度、是否容易組裝、準備費用有多少、評量的方法和測量標準是否恰當、管理的容易度等等，就製造的每個階段可能發生的問題充分討論，不讓問題留到下一個階段。QS9000（美國的汽車業品質管理系統）也要求以「多功能小組」使用DR，且必須建立初期管理系統，包括檢查標準、QC製程表、製程監督等。

重點複習

●初期管理的良善與否將決定企業的生死
●以「Q・C・D最佳化」讓研發問題降到零

產品上市型態（數量變化示意圖）

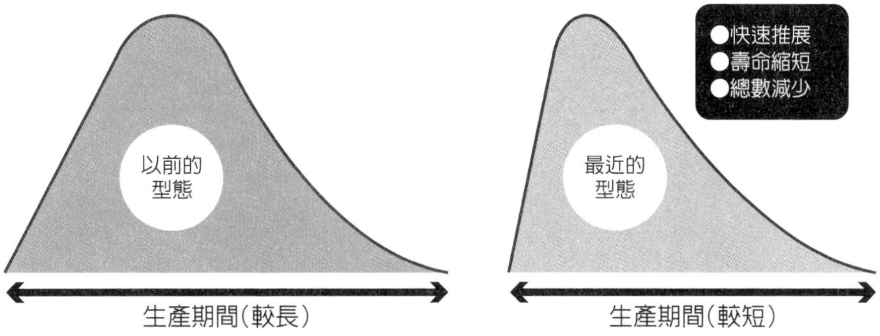

問題發生型態（示意圖）

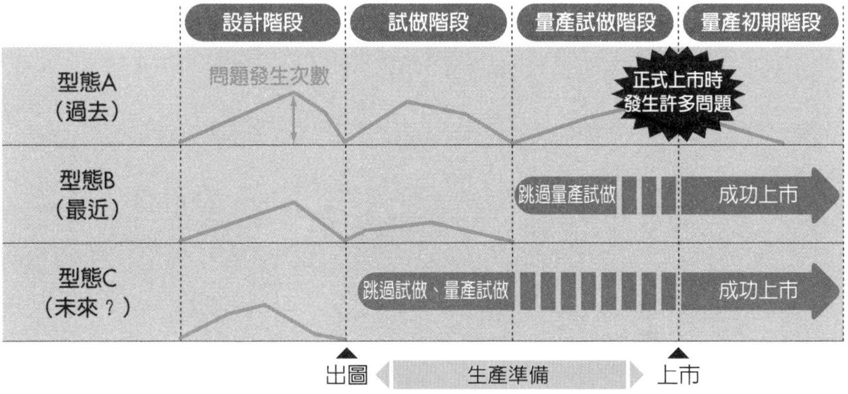

23 初期管理（一）【初品管理】

一般的初期管理

量產初期會有許多以確保品質為目的的組織性活動，其中「初品管理」或「初期流動品管理」，抑或符合下列任一條件的初期流動品，都稱為「初品」。

①製造新產品時（包含接到新產品訂單）。
②變更設計時。
③變更製程時。
(a)更換物料、零件等的製造商或品牌時。
(b)更換加工或處理的部門或製造商時。
(c)更換作業、加工、處理等的條件或標準時。
(d)更換或大幅整修機器設備或模具、工具時。
(e)以暫定製程開始製造，再更換成正式製程時。

尤其是特別需要標明對象為何的時候，必須選擇「初期管理指定品」，且從指定初期管理的時候開始，一直到解除初期管理，都屬於「初期管理期間」。

初品管理，就是要透過初品管理期間確認良率特性或製程能力（Cp、Cpk、Cpm等），這在一般製程品質確認或檢驗中是省略不做的。一般的初期管理大約為期一至三個月，在這段期間內必須製造出數批產品，或更換數次製造才行。

特別是較容易發生的「變更製程」，因為製造者很可能會根據成本或製造管理的考量而決定更動，且製程改變對品質的影響力常常被輕忽，有時可能連管理部門或下訂單的客戶也不知道，後來卻發生品質方面的問題，製程變更是最常見的元凶。

因此，製造商在決定要變更製程時，應該向品質管理部門提出「製程變更計畫書」或「製程變更通知」，與客戶再次確認在初品管理中執行過的品質事項之後，才能拍板定案。市場上有許多例子，都是由於製造商忽視與客戶的溝通，最後爆發出強烈的批評聲浪。

重點複習

- 管理初期最重要，一開始就做好，之後會相當順利
- 以量產初期的品質確保為目的的組織性活動
- 不可輕忽製程變更

製程變更通知範例

（格式-1）
（註）

製程變更通知，以切換預定日期前四十天提出為原則。此外，本通知書提出後，切換預定日期若比原日期延遲一個月，必須再次提出。

報表編號

此致＿＿＿＿＿＿＿＿

整理編號
年　月　日
公司名稱＿＿＿＿＿＿
部門名稱＿＿＿＿＿＿

製程變更計畫通知書(A)

預計變更下列製程，將依下列內容實施，敬請於審閱後給予回覆。

部次長	課長	組長

(1)目標產品、零件及變更內容

產品編號		圖面編號	品質類別　（　）S　（　）E（　）一般
產品名稱		管理編號	提出定期資料　（　）有（　）無
每月流動量	個	庫存量（預定庫存量）	個（　　個）

變更內容	分類	1. 加工廠商變更　2. 模具、工具變更　3. 製程順序變更　4. 加工方法、條件變更 5. 機器設備變更　6. 材料製造商變更　7. 其他（　　）		
	理由			
	製程	1. 成形　2. 熱處理　3. 表面處理　4. 銲接　5. 組裝　6. 其他（　　）		
		舊製程	新製程	受影響之部分及其他

(2)變更實施計畫

日期 項目		月	月	月	月	月	月	月	月	月	完成月日
(1)標準文件的製作	i. 技術標準　ii. 生產技術標準 iii. 檢查標準　iv. 作業標準										
(2)製程設備	i. 個別製程準備（單一測試） ii. 綜合製程準備（生產線測試）										
(3)製程能力調查	i. 機器　ii. 工具 iii. 模具　iv. 作業人員										
(4)初品檢查	i. 尺寸　ii. 強度、硬度 iii. 性能、機能										
(5)信賴度測試	i. 平台測試 ii. 實車測試										
(6)初品交貨	□暫定製程品 □本製程品	可交貨日期　月　日			暫定本製程可切換之日期　月　日						
連絡事項		預計回覆日期　年　月　日									

生產技術部意見		技術部意見（必要時）		採購部意見（若為進貨廠商之物品時）	
年　月　日	同意	年　月　日	同意	年　月　日	同意
	製作		製作		製作

（流程）
□內部製造　□外部製造
申請部門（正本）
↓ 生產技術部（技術部）　↓ 採購部
→ 品管課
↓ 相關部門（副本）　↓ 申請部門（正本）

送交部門	數量
申請部門（正本）	1
生產管理部	
生產技術部	
檢查課	
技術部	
營業課	
品管副本檔案	1

此致＿＿＿＿＿＿＿＿

回覆書

年　月　日
品質保證部　品質管理課

〈指示內容〉
□初品檢查合格（收到初品測試結果報告）後，即可切換。
□客戶同意（收到客戶回覆書）後，即可切換。
□其他（根據下列指示事項）。
□由於下列理由，不可變更。

部次長	課長	組長	組員

製程變更等級□A（客戶申請日：　年　月　日）　□B　□C

製程調查	1. 實施（ 年 月 日）　2. 不實施		事前會議　年　月　日　時，地點	
初品檢查	產品、零件	1. 需要（提出數量：　個，於　年　月　日前提出）　2. 不需要		
	初品判斷結果報告書	1. 需要（於　年　月　日前提出）　2. 不需要		
品質紀錄更正	QC製程表	1. 需要　2. 不需要	檢查標準	1. 需要　2. 不需要

指示事項（測量項目、標準、樣品數、方法等）

＿＿＿＿＿＿＿＿＿＿＿＿＿＿＿＿＿＿＿＿

＿＿＿＿＿＿＿＿＿＿＿＿＿＿＿＿＿＿＿＿

＿＿＿＿＿＿＿＿＿＿＿＿＿＿＿＿＿＿＿＿

○○股份有限公司 □□□□□□（2002年6月修訂）

24 初期管理（三）【初物管理】

日常的品質管理中，最容易發生異常或品質管理上的狀況，當屬製程條件變更的時候。因此，日常管理中最重要的一件事，就是管理製程條件的「變化因素」（以下稱為變因）。

基本上，所有的工作、所有的作業都會有變因，至於製造工廠的主要變因，有下列幾項：

①更換物料項目時（切換作業或換模時）。
②更換不同批的物料或零件時。
③作業開始時或作業交換時（以及作業暫停後再度開始時）。
④更換或維修刀具、工具時。
⑤從事突發性作業時。
⑥設備維修欠佳時（磨損或劣化、缺潤滑油等等）。

除此之外，還有許多會影響品質的變因，所以「變因管理」十分重要。確實做好管理，才能迅速發現異常，並採取對策。

舉例來說，其他的變因諸如電壓、溫度、濃度、振動、作業人員的身體狀況等，各工作單位應該製作適合自己工作場所狀況的管理表，確實做好作業記錄、作業條件的自動記錄、作業開始時的工作會議等，以察覺作業是否出現異常。

在製造管理上，是可以將大部分的變因列舉出來的，這些應該就是日常管理的重要管理事項。

在考量變化的影響之後，第一次製造出來的成品，就稱為「初品」。必須要確實檢查初品的品質，確定有沒有變化，以判斷作業能否繼續執行。

當然，如果在檢查初品品質時發現異常或出現問題，又或者是製程中出現不對勁的狀況，就必須立刻停止作業，採取適當措施。

初物確認是以檢查初物做為判斷標準，用來確認與之後製程相關的各項條件是否恰當。在重視Q．C．D維持管理的工廠，初物管理佔有非常重要的地位。

重點複習

●變因管理是日常管理中最重要的事項
●在Q．C．D維持管理中扮演重要角色

維持管理

●維持管理包括維持製程條件所必須的小改善。

品質確認重點表

●一般而言，製造的「終物」和初物都必須管理。如果初物沒問題，終物也沒問題，那麼整個生產過程應該都沒問題。若產品在生產過程中可能發生任何變化，則必須進行「定期確認」，亦即在生產過程中定期實施的確認動作。
●這項確認動作一般是以產品品質為主，不過有時也會確認製程條件。

品質確認基準表

分類	管理編號	產品編號	
		整理編號	

【品質基準】

No.	項目	基準	初物、終物	定期	測量工具
1					
2					
3					
8					

【最終檢查標準】

<table>
<tr><td>△1</td><td></td><td></td><td></td><td></td><td></td><td rowspan="2">品保
確認</td><td>製作日期</td><td colspan="2"></td></tr>
<tr><td>△2</td><td></td><td></td><td></td><td></td><td></td><td>認可</td><td>檢查</td><td>製作</td></tr>
<tr><td>△3</td><td></td><td></td><td></td><td></td><td></td><td rowspan="2"></td><td rowspan="2"></td><td rowspan="2"></td><td rowspan="2"></td></tr>
<tr><td>符號</td><td>年月日</td><td>修改內容</td><td>負責</td><td>簽核</td><td>品保</td></tr>
</table>

25 進度管理（板）

讓進度「可視化」

進度管理，就是將目前的狀況與計畫或預定進度做對照，隨時注意進度是超前或落後，若有必要，則採取一些適當方法處置。

進度管理的標的，除了品質、製造、成本、安全等日常管理狀況（指標）之外，方針（中長期計畫、年度計畫）、各種改善計畫、變更計畫、教育計畫等也包括在內。

如果不能具體看到進度，就很難判斷狀況是好是壞，以及是否需要矯正。因此，讓進度或目標達成率等指標「可視化」是有其必要的。

一般而言，進度管理使用的時間單位都是年、月、日、時等，並使用甘特圖（日程計畫表），藉此讓進度看得見。

甘特圖可以讓人看到哪項計畫（預定）將在什麼時候開始著手進行，或現在已經進行到什麼地步。因此，製圖者應該將圖表製作得清楚易懂，多利用圖表，讓完成度、系統、體制、措施、滿意度等難以具體描述的抽象狀況，變得容易讓人理解。

應用在個別教育計畫時，也可以作一張表格，將希望參與人員所學習到的項目預先填入，之後再逐次刪減上過的課程。

生產方面的進度管理有時也會使用製程管理板，不過通常還會以Andon、看板等做為輔助。只要看現場的燈號顯示、看板的動作、加工中物料暫存處的流動是否正常等等，就能得知進度是超前或落後。

管理進度，當進度按照計畫進行時只要在一旁靜觀即可，一旦進度落後則必須立刻調查原因，採取適當措施，防止同樣的事情再度發生。此外，不要以為進度超前時什麼事都不用做，還是要確認是否有異常（跳過某製程等），找出進度超前的原因。如果真的發生異常狀況，就要加以矯正改善。

重點複習

- 進度管理是所有管理的第一步
- 超前或落後都必須矯正

進度管理表範例

甘特圖範例一

○○年度計畫（主題）及進度管理表（□月份）

---► 計畫
·····► 進行中
---► 實施

部門名稱	簽核	製作

分類		實施計畫	管理項目（目標）	負責人員	投資金額	日程計畫 ○○年	△△月	進度狀況（%）10	20	30	40	50	60	70	80	90	100	備忘
	1																	
	2																	
	3																	
	4																	
	5																	
	6																	
	7																	
	8																	
	9																	
	10										因成效不佳而停止							
	11																	
	12																	
	13																	
	14																	
	15																	
	16																	
	17																	

甘特圖範例二

改善主題登錄及進度管理表（□月份）

■ 計畫
■ 進行中
■ 結束

部門名稱	簽核	製作

分類	改善主題	現況	目標	預算	負責人員	日程計畫 1	2	3	4	5	6	7	8	9	10	11	12	進度狀況（單位20%）	備忘

開始進行時間點

確認時間點

26 縮短換模時間，實現平準化製造

換模次數增加，照樣迅速執行

讓製造平準化及改善換模作業的必要性

製造的平準化，即是配合市場的多樣化需求，每天只製造能銷售出去的商品，也就是配合暢銷商品銷售狀況的製造方式。若要配合市場需求，只製造能賣掉的東西，則設備或生產線的換裝模具次數必然增加。此外，換模時必須暫停製造，而製造量也就無法提升。要達成平準化製造，前提是必須做到快速換模。雖然換模次數無法減少，但是縮短每一次換模的時間，就可以盡量壓縮換模所花的時間。

從單分鐘換模到one-touch換模

單分鐘換模，指的是為了換模而停止生產線的時間在十分鐘以內（因為以分為單位時是個位數）。若將時間壓縮到一分鐘以內，甚至只要一個按鍵就能立即完成換模，就稱為「one-touch換模」，目前業界都在朝這個方向努力。

要達到one-touch換模，就必須改革換模作業，不用螺絲釘固定，並盡量減少調整作業。還有，更改NC工作機械或機器人、程式的設定，改變製造內容或台數，也是縮短換模時間的有效方法。

換模作業的改善

換模作業分成兩種，一種是必須停止設備才能進行作業（內部換模），另一種則是設備在運轉中仍可進行作業（外部換模）。外部換模時必須搬運接下來要使用的模具、準備物料、運走已用過的模具，內部換模則需要更換模具與裝載物料等。

如果在設備運轉時進行外部換模，可大幅節省為了換模而停止機器的時間。其次，改革換模作業，不用螺絲釘固定，讓調整作業降為零。將作業順序標準化，並反覆訓練作業人員熟悉該順序，一定可以大幅減少換模時間，讓換模時間降到單分鐘的標準，甚至達到one-touch換模。

重點複習

- 從單分鐘換模進步到one-touch 換模
- 重點在於改善內部換模、盡量改成外部換模、改善外部換模、改善調整作業

製造平準化與改善換模之必要性

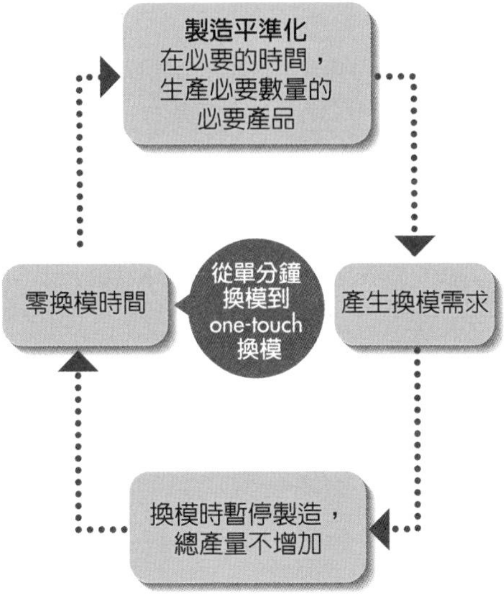

換模時間縮短

●換模時間改善步驟

1. 將內部換模更換為外部換模
2. 改善內部換模作業
3. 改善調整作業
4. 改善外部換模作業

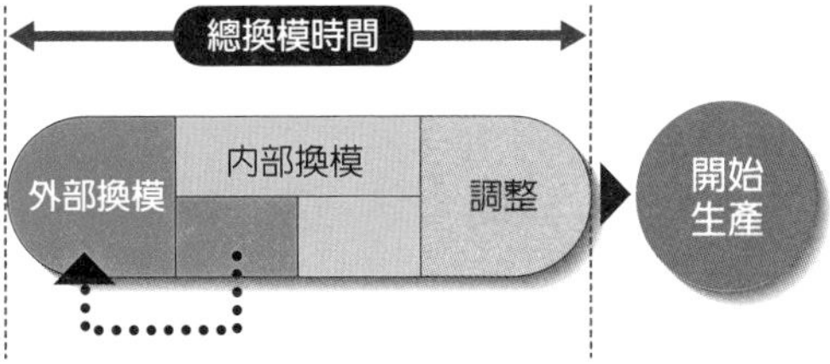

●換模改善重點

推動標準化：將機器設備、模具工具及作業順序等標準化

善用指導手冊及訓練：製作作業順序的指導手冊，並反覆訓練員工，使之熟悉

同時並行作業化：使兩個作業人員可同時進行作業

改造模具工具：改善固定用工具，使之更加方便好用，以利調整縮短作業時間

製造的平準化

如果最後一個製程的製造並不穩定，則從前一個製程過來的產品數量也一定有多有少，如此一來就必須配合前製程的高峰期準備設備或人員，以及預留多一點的庫存才行。

為了避免這樣的情況發生，必須力求製造平準化，最後製程盡量做到數量穩定。

比如每月製造四千個產品，若一個月製造二十天，等於一天製造兩百個，平均分配在一天八小時的工作時間內就可以了。另一方面，在進行多樣少量的製造時，則必須讓種類、數量都平均分配到生產線上。

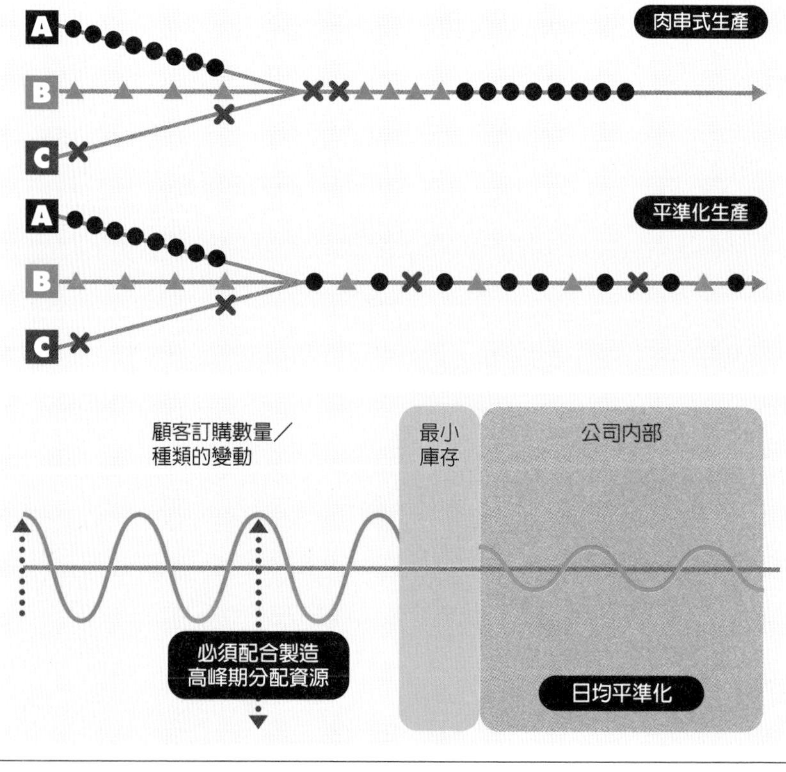

第4章
標準作業

27 以Q・C・D改變製造方法

透過徹底改善，強化Q・C・D的競爭力

同樣一件產品，製造的公司可能有很多家，這就是市場競爭。每家公司製造產品的方法各有千秋，完成的產品在品質（Q）、成本（C）、交貨期（D）方面，每家公司也都各有其優缺點。

不論哪家公司，不管從客戶要求或從公司的改善方向來看，Q・C・D都是每家公司最重要的課題。全面性的改善項目（PQCDSM）如下所列：

P（Productivity）生產力
Q（Quality）品質
C（Cost）成本
D（Delivery）交貨期
S（Safety）安全
M（Morale）幹勁

產品的品質再好，要是成本過高，交貨期管理太差，客戶也會裹足不前。反過來說，如果產品成本低，但品質卻很糟糕，交貨期又不準，客戶一樣罵聲連連。顧客對Q・C・D的綜合分數自有一套評分標準，競爭力差的公司自然就會被市場淘汰。

因此，製造商必須不斷改善，日夜努力不懈，以求將品質優良的產品（Q），以適當的價格（C），在必要的時間，提供必要的數量（D）給顧客。

在全球化的浪潮之中，競爭變得更加激烈，顧客要求也越來越挑剔。成本方面要求每年削減一成已經是理所當然的事，品質要求也更加嚴苛。從下訂單到交貨的前置時間要更短，最好交貨時可以小批交，甚至可以指定時間等等，顧客要求的標準一年比一年更高。

因此必須學會搶先預測客戶的要求，努力改善Q・C・D，明確訂立一年後、兩年後的課題與目標，徹底管理各事業單位的目標。要做到這些，除了建立改善體制之外，還要記住「培育感官敏銳的人才」是改善的最重要課題。

重點複習

- 顧客對Q・C・D的要求一年比一年嚴苛
- 「培育感官敏銳的人才」是改善的最重要課題

客戶的要求越來越嚴厲

28 作業標準V.S標準作業

標準作業是不斷重複的作業，以人的作業為標的

作業標準和標準作業是完全不同的，主要的相異之處如下所列：

作業標準

執行各項標準作業的標準。為了達到顧客要求的品質而制定出來的，且是在作業上必要的、具經濟效益的條件，就是作業標準。例如切削加工時的切削條件、刀具的種類、熱處理加工時的熱處理溫度和處理時間、冷卻條件、冷卻液等等。

制定作業標準有許多方法，左頁圖表所示的作業標準就是一個簡單的方法。主要的內容，首先是在〈插圖〉的部分畫上概略的圖畫或貼上照片等，並在需要說明的部分加以編號。接下來在〈作業順序〉的地方用簡單易懂的文字敘述作業順序的重點，讓新手也容易明白。另外，在〈注意〉的地方，記下三到六件關於作業上與安全上的重要事項。

標準作業

標準作業的目的是，安全地製造更價廉物美的商品，其基本三要素是拍子時間、作業順序，以及標準待工待料。標準作業以人為中心，剔除了浪費的部分，只集中在真正的作業上，並以毫不浪費的順序執行作業。

標準作業主要著眼於，讓製造時的製造必要數平準化，最終目的則是希望達成抑制過度製造、排除浪費動作的目標。

製作標準作業的主要負責人應該是工廠的監督者，改善、改訂標準作業也是監督者的主要工作。

標準作業有兩個條件，第一是以人的動作為中心思考，第二則是不斷重複的作業。在製作標準作業的時候，要以人為中心來設計，不可以把人的動作當成是機器的附屬品。此外，必須要讓作業人員徹底遵守訂定出來的標準作業，且要確實了解之後再執行，而這也是監督者的工作。

重點複習

- 標準作業即是作業人員應遵守的作業條件，明確指示各製程（機器）的順序
- 標準作業是以人為中心的作業改善方法

作業標準範例

製程（機器）編號：

加工（參考）條件：

〈插圖〉

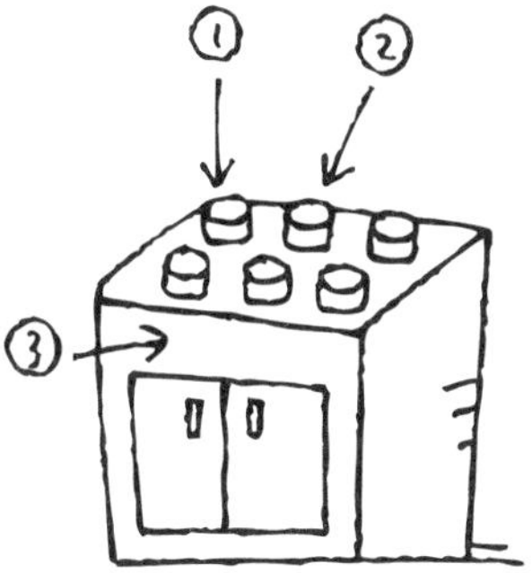

〈作業順序〉

Ⅱ. 操作主開關

① 按下(1)的開關
（按下之後燈號將亮起）

② ……

〈注意〉安全及作業方面應注意事項

①
②
③
④
⑤

標準作業

三要素（三點是一組的）

- 拍子時間
- 作業順序
- 標準待工待料

標準作業是活的

必須時常改善、修訂（由工廠監督者主導）

29 標準作業三要素

沒有標準作業，就無法推動改善

標準作業三大要素——拍子時間、作業順序、標準待工待料，應該製作的報表則分別是製程能力表、標準作業組合表，以及標準作業表。

拍子時間

其意義是，作業人員眼前的一個產品需要幾分鐘才能完成，計算公式是「**拍子時間＝工作時間÷每天必要的數量**」。訂定拍子時間的同時，也決定了所需人員及作業量是多少，再依之後的順序進行改善。

①管理工作速度與熟練度等，由監督者決定。

②每個人作業時間寬裕的程度難以預期，會逐漸出現落差。

③開始發現各個作業之間的浪費，加以改善（在單件生產時間內）。

作業順序

此處所指的順序並非產品流動的順序，而是所有作業的順序。從物料到成品的整個加工過程，如加工品的搬運或裝載到機器上、從機器上卸除等細微的作業都包括在內。企業必須確實訂定作業順序，並對作業人員施以教育，使得作業人員即使變動，也能依照同樣的順序來作業。因此，訂定作業順序時必須仔細區分，去除浪費、不均、不自然的情形，使之定量化。

標準待工待料

所謂標準待工待料，指的是各機器作業中所保有的、製程內正在加工的產品的最小數目，也包括裝載於機器上的產品。以單件流為例，一般都是機器上只要裝載處於加工階段的物料就好，製程內不需有產品。

要善用並深入以上三大要素，請注意以下幾點：

①監督者本身必須非常熟悉，並教導作業人員，讓他們接受。

②作業人員必須確實遵守標準作業。

③重視思考態度，必須根據事實與數據。

④迅速改善實施標準作業時所發生的問題，並改訂標準作業表。

重點複習

- 依據每天的必要數量及工作時間來決定作業速度（拍子時間）
- 不論誰負責作業，作業順序都是相同的

拍子時間

$$\frac{\text{每日平均工作時間}}{\text{每日平均必要產量}} = \frac{\text{7小時×60分鐘（420分鐘）}}{\text{350個}} = \text{1.2分鐘（72秒）}$$

作業順序

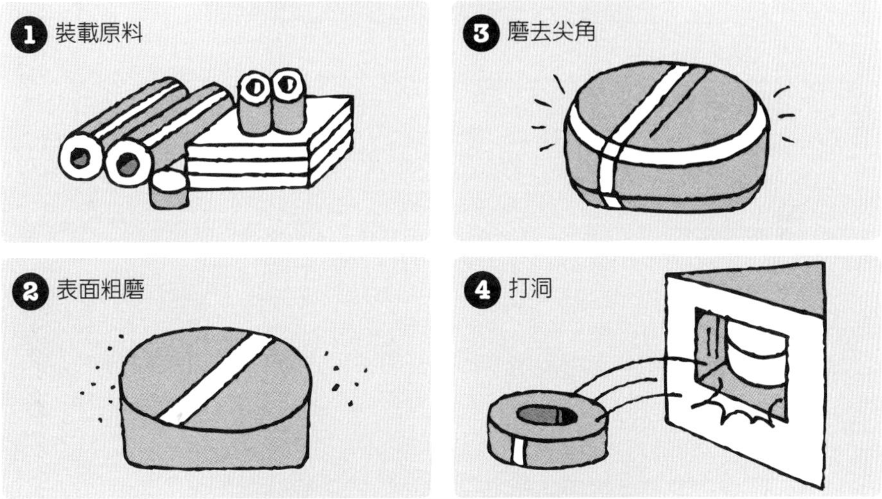

標準待工待料

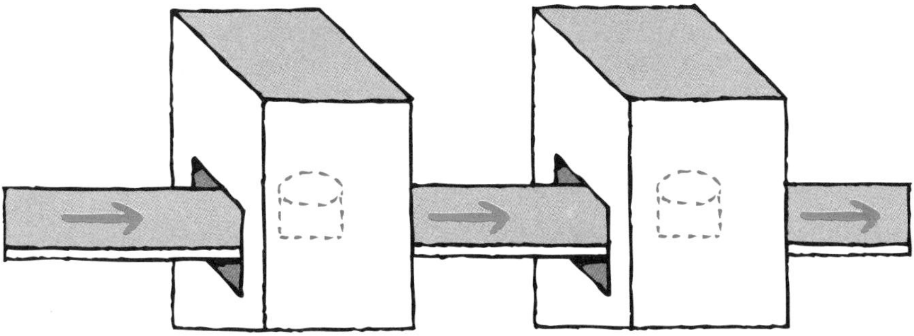

原則上製程間不會有待加工品

（若作業進行的方向與製程進行的方向相反，每個製程則必須各有一個待加工品）

名詞解釋

拍子時間：用在輸送帶作業時稱作拍子時間，其他作業則稱作製程時間（Cycle Time），兩者基本上想法是相同的。

30 製作相關報表

三種報表的製作是改善及指導的基礎

標準作業中常使用的報表有「製程能力表」、「標準作業組合表」、「作業要領表」、「作業指導表」、「標準作業表」等。這裡介紹幾種較具代表性的報表。

製程（或零件）能力表

從這張表可得知各個製程（零件）的製程加工能力（機器加工、人工、檢查等）。在決定作業組合或標準作業時，製作這張表是最基本的工夫。這張製程能力表同時可以讓人工等作業較為明確，也能凸顯關鍵製程，以做為重點改善的參考。

標準作業組合表

完成製程能力表後，接下來就要計算拍子時間。然後填入各製程的人工時間、步行時間、機器的自動運送時間，評估在拍子時間內，可以做到哪一個作業步驟。標準作業組合表完成後，監督者必須先親自執行一次作業，確認有無問題，確定無誤後才可對作業人員實施教育訓練，並且要讓作業人員熟悉。

標準作業表

這張報表的內容是各個作業人員的作業範圍，也就是在機器的配置圖上，標明作業內容、品質檢查、安全注意、標準待工待料、標準待工待料數、拍子時間等，以便清楚發現不必要的動作，並加以改善。此外，這張表還可以貼在作業現場，方便作業人員隨時看見，確認自己的作業是否正確。

以上三種報表的製作，主要目的在於發現需改善之處、指導作業進行。以標準作業組合表為例，明確指示作業內容稱為「表面化」，而製作出來的報表則稱為「表準化」。利用這些報表發現問題所在，並提出改善方案。提案時注意要先訂出效果、優點、困難度、費用考量等項目的優先順序，再實施改善。

重點複習

- 製作製程能力表時，確實做好作業分析及時間觀測
- 利用標準作業組合表，讓作業範圍明確，更容易發現問題所在

製程能力表

年 月 日製作　　共 頁，此為第 頁

課長	廠長		製程能力表	產品編號	123C456	形式	SA-111	部門	姓名
落合	山下	新田		產品名稱	中軸 JA	個數	15	製 1	近藤
								製 2	岩下

製程順序	製程名稱	機器編號	基本時間 手工時間 分	秒	自動運送時間 分	秒	完成時間 分	秒	刀具 交換個數	交換時間	加工能力	備考 手工作業 ━━ (圖示時間)自動運送 -----
	裝載原料	—		5		0		5	—	—	—	未標明於一般能力表
1	表面粗磨	G14		3		20		23	300	1分30秒		
2	磨去尖角	M11		3		27		30	1500	1分15秒		
3	打洞	B11		3		18		21	300	1分40秒		
4	表面處理	G51		3		17		20	250	1分30秒		
5	內面處理	G52		4		18		22	250	1分30秒		
6	取下、品質確認	—		4		0		4	—	—	—	
		合計		25								

標準作業組合表

分解編號 ／

產品名稱、編號	中軸 JA	標準作業組合表	製作年月日	2004.8.1	應直接處理	680個	━━ 手工作業 ----- 自動運送 〜〜 步行
製程	機器加工 J		所屬部門	製 1	拍子時間	39秒	

作業順序	作業內容	時間 手工	運送	步行
1	裝載原料	5	0	2
2	表面粗磨	3	20	2
3	磨去尖角	3	27	2
4	打洞	3	18	2
5	表面處理	3	17	2
6	內面處理	4	18	2
7	取下、品質確認	4	0	2
	合計	25	待處理	14

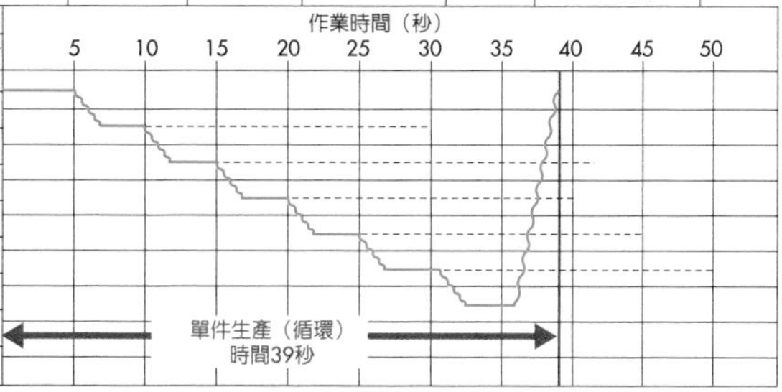

標準作業表

作業內容	品質確認	安全注意	標準待工待料
○○加工	◇	✚	●

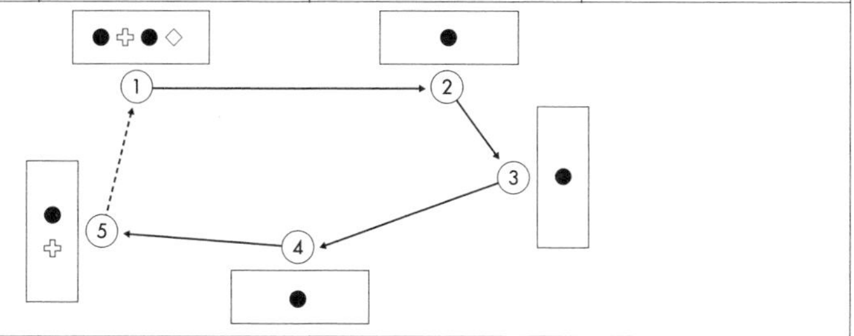

標準待工待料數	單件生產（循環）時間	實質時間	No.
6	39秒	25秒	

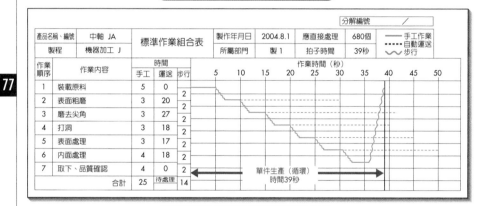

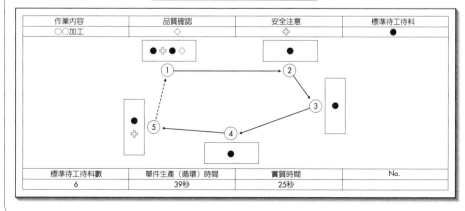

標準作業的多能工化

並非只要把標準作業設定好，作業人員就會照著既定流程順利進行作業。作業有所謂的「學習曲線」，隨著作業人員對標準作業熟悉程度的增加，作業方式才會漸漸接近標準作業。

尤其若想要教育作業人員，使之多能工化，則必須製作技能學習狀況表，再根據表格、有計畫地培養人員能力。

如下圖U字型生產線的作業人員訓練，必須先將作業加以細分，然後從未加工的作業，也就是①的作業步驟開始。作業人員B可能在進行②～④的作業步驟後就花完了拍子時間，此時作業人員B就要再回到步驟①的作業，而步驟⑤之後的作業則由資深作業人員A接手。

如此這般，剛開始作業人員B假設只能在標準的拍子時間內從步驟①做到步驟④，逐漸熟悉後，相同時間可以做到步驟⑤，再做到步驟⑥、步驟⑦，最後終於可以做到步驟⑧。

●多能工的養成訓練

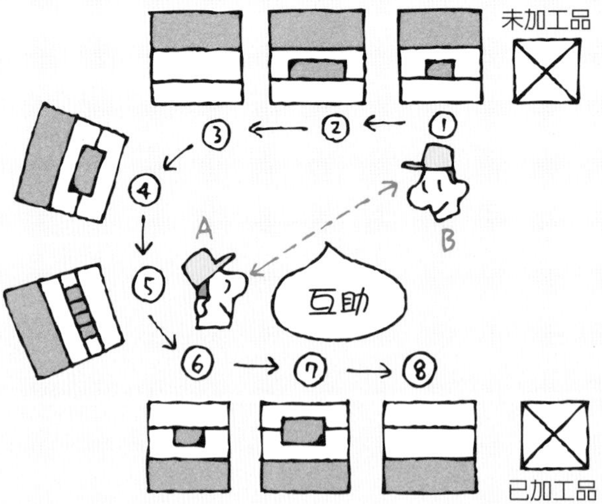

第5章

消除浪費

31 工廠作業的實際運作情形

何謂提升附加價值的作業

動作的浪費與管理者、監督者的工作

無法產生附加價值的作業，以及無法提升附加價值的作業，都是屬於浪費作業。

仔細觀察製造現場的實際狀況，就會發現作業人員的動作中，含有無法產生附加價值的作業，而機器設備的動作中也同樣含有無法產生附加價值的作業。這些無法產生附加價值的人員及機器的動作，統稱為「動作的浪費」。一個製程的基本作業包括加工、檢查、搬運、停滯等，這些作業的共通浪費就是動作的浪費，而監督者的工作就是剔除動作的浪費，減少作業人員及機器設備的動作，提高實質作業的比重。

現場作業的實際狀況

確實觀察工廠作業情況再加以分析，可以將作業分為：①實質作業、②附屬作業、③浪費作業。分析作業人員的動作時，不要把機器的動作算進去，只要單純分析人員的動作就好。然後去除浪費、不均、不自然的動作，提高實質作業的比重，進行改善，使人員可以長時間進行相同作業。

①實質作業：提升附加價值的作業。

例如：裝載零件／上緊螺絲／切削、沖壓、焊接等加工等。

②附屬作業：沒有附加價值的作業，本來應該算是浪費作業，但在目前的作業條件下，屬於不得不做的作業。

例如：換模作業／購入零件的拆封作業／除去切削作業產生的粉塵等。

③浪費作業：不會產生附加價值的人員工作、機器設備等的動作、進行作業時不必要的作業。

例如：堆積作業／步行／監視機器／待工待料／找商品／到別處去拿取零件等。

重點複習

- 現場作業的實際狀況包括實質作業、附屬作業、浪費作業
- 提升實質作業的比重是管理者及監督者的工作

工廠作業的真實情況

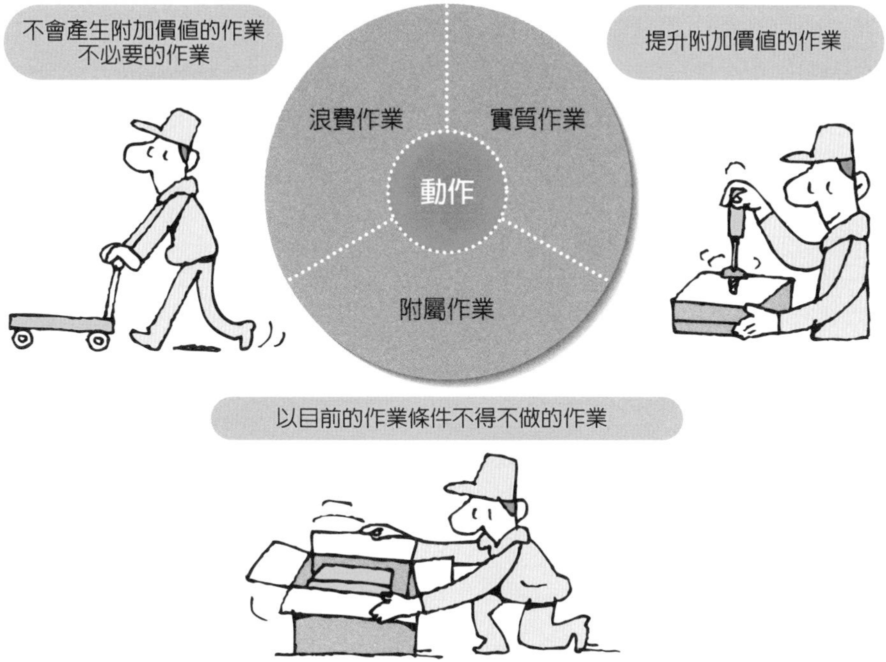

作業的基本與發現改善之處的重點

作業的基本	發現改善之處的檢查重點
總是同時使用雙手	雙手閒置 手上待加工品過多 單手閒置 維修作業過多
將基本動作的次數減到最低	尋找、選擇、思考等作業過多 有前置作業或替換作業 組裝困難 有步行作業
將每個作業動作的距離縮到最短	作業動作過大 擺動角度過大 手部動作距離過長
讓作業動作放鬆	有彎腰或伸長背脊的作業 有需要力氣的作業 有不自然、容易讓身體疲累的姿勢

32 提升效能過程中的盲點

表面的效能與真正的效能

何謂效能

製造就是利用人員、物料、設備等用來生產的經營資源，來產生預計推出的物品或服務。用來評量製造有效程度的尺就是「效能」。人員的效能是將製造出來的物品總金額或台數（Output）除以資源的投入量（Input），也就是必要人員的比率。

提升效能的目的

提升效能的目的，就是藉由成本的削減，增加產品的競爭力。因此，只在必要的時間製造必要數量的必要物品，不過度製造，不勉強以少數人員來製造，是非常重要的一件事，因為這與是否真能降低成本有極其密切的關係。

表面的效能提升與真正的效能提升

想要達到提升工廠效能的目標，要不就是增加Output（也就是製造總金額），要不就是減少Input（也就是人員數量）。

工廠的浪費之中最重要也是最大的浪費，就是「過度製造的浪費」。會產生過度製造的浪費，根本原因在於對「增加製造總額等於提升效能」的錯誤認知，其實那是「表面的效能提升」。因為製造過度會產生「搬運的浪費」，同時還要有地方儲存這些東西，形成了「庫存的浪費」，接下來免不了要整理整頓，浪費的成本於是逐次逐件增加。

既然知道製造過度的浪費，其產生原因在於表面的效能提升，因此在銷售數量不變甚至減少的時候，就要考慮以減少人力來提升效能，這才是「真正的效能提升」，能確實削減成本的效能提升。只要是製造已銷售出去的，或是正在銷售出去的東西，產量多少會有些增減。省人化的再進一步就是根據製造數量調整人員，以最少的人員來製造，建立「少人化」架構，也是重要的努力目標。

重點複習

- 真正的效能提升才能確實削減成本
- 會產生製造過度的浪費，真正原因在於表面的效能提升

表面的效能提升與真正的效能提升

分類	改善內容	問題點
表面的效能提升 產量增加只是表面的改善 $效能=\frac{生產數量}{人員}$	效能提升至以5人生產600台	產生100台製造過度的浪費，產生搬運的浪費，產生庫存的浪費，此外還必須加以整理整頓，產生一連串的成本浪費，無法達到削減成本的目標。
少人化才是真正的改善 真正的效能提升	效能提升至以4人生產500台	這才是真正能達成削減成本目標的效能提升。最好能再進一步建立「少人化」架構，培養靈活因應生產數量變化的能力。

前提條件：市場的需求數量是500台，以5人來製造

做到「少人化」才能真正提升效能

從固定人員制的「省人化」轉變到能靈活因應生產數量的「少人化」

以5人生產500台

省人化（固定人員制）

以4人生產500台

雖然這是真正的效能提升，可以達到削減成本的目的，但是產量變化時不容易隨之應變，可能產生製造過度的浪費

少人化

根據生產數量調整人數

如何做到少人化

1. 將任何人都能做的作業標準化
2. 根據作業的循環，進行多能工化
3. 不製造孤立小島，推動多製程管理
4. 讓機器容易操作及搬運

33 以「零搬運」為目標

如何去除搬運的浪費

從物料到成品的製造過程中，包含加工、檢查、搬運、停滯四大作業。搬運就是將物料、零件或成品從一個製程移到另一個製程，或換個地方放。停滯則是沒有進行加工、檢查、搬運，只有時間流逝的狀態。停滯一般稱之為「暫時放置」。

無法產生或提升附加價值的製程，全都是浪費製程。在製造作業當中，能產生附加價值、對提升附加價值有貢獻的是「加工」與「檢查」，而「搬運」與「停滯」只會增加產品的成本。因此搬運與停滯應該想辦法徹底去除，讓由於「搬運的浪費」而產生的「庫存的浪費」也一併消失。

不過也有搬運可以增加附加價值的例子，如可指定時間的宅配，以及可運送冷凍冷藏的新鮮食品的低溫宅配。另外，在製造作業中，為了讓物料和資訊都能一目了然，有如毫無沉澱、清澄見底的水一般，因此有所謂的「淨水搬運」，也就是要求搬運作業人員必須供應整套的零組件或資訊，讓搬運作業也有附加價值。

關於搬運，有下列三項基本做法：

①零搬運：徹底去除搬運這個動作。改善機器設備的配置，藉此去除搬運，以及廢除零件暫時放置場，讓零件供應自働化等等。

②在必要的時間，以最低限度的成本供應必要數量的必要物品。

③同時提供物品及資訊。

②和③的具體做法，就是零件供應成套化、順序化及多次供給。其執行方法則是「淨水搬運」、「多次混合搬運」。

要改善搬運方法，必須認知到搬運作業的前後一定要是加工或檢查，從整個製程的角度來考量。由改善配置開始，之後再考慮具體導入搬運工具或輸送裝置。

重點複習

- 搬運的第一基本是以零搬運作業為目標
- 第二基本則是「淨水搬運」，也就是一併提供物品和資訊

搬運的基本

在必要的時間，將必要數量的必要物品，以最低的成本提供給顧客

淨水搬運及其目的	所謂淨水搬運，就是先審視前製程或零件放置處的狀況，只集中必要的零件，成套提供給組裝生產線，讓組裝生產線可以在必要的時間開始組裝作業。其目的是，讓組裝生產線和前製程可以做到Just in Time的同步作業，以防止前製程產生「製造過度的浪費」。
搬運作業員（淨水作業）的任務	搬運作業員（淨水作業），必須負責將零件收集好提供給組裝生產線，同時提供作業人員下列資訊。 ●製造機種及其順序、台數 ●組裝作業的快慢進度情況等 「淨水」指的是，物品與資訊的流動有如毫無殘渣、清澈見底的水。

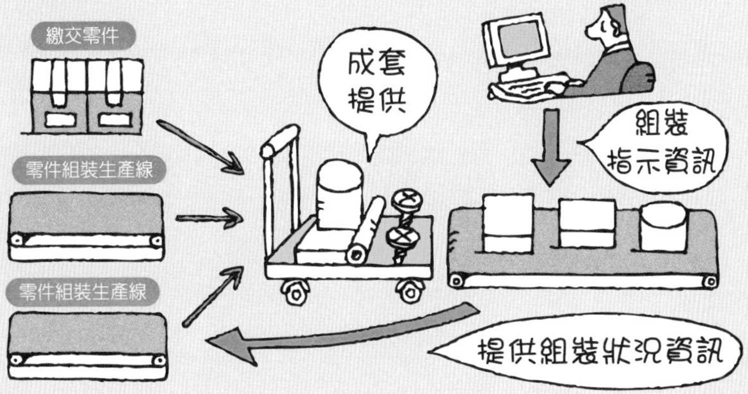

34 盡量減少使用輸送帶

使用方法不同，還是會產生浪費

前面已經提到，搬運是一種浪費，越少越好，最好完全廢除。不過，物品需要移動的狀況通常很難避免，有時還是必須使用輸送帶，以聯繫不同的製程，或用來運送物料。根據使用目的來分類，輸送帶可分成組裝作業用、儲存零件或物品用，以及供應組裝生產線零件用等等。

組裝作業用的輸送帶，又根據作業形式，分成以下兩種。

①移動型：讓物料邊移動邊進行作業。

②靜止型：讓物料停止，在靜止狀態下進行作業。

移動式的輸送帶，作業人員會在以一定速度移動的輸送帶上進行組裝作業，大部分採用的是皮帶式及板條式輸送帶。靜止式則是在物料不靜止便難以作業的時候使用，也可以分成以下兩種。

①線外型：作業進行時，要將物料從輸送帶上拿下來，在輸送帶外完成作業後，再放回到輸送帶上。

②線內型：若物料或工具過大，不方便從輸送帶上拿下放回，就可使用此型。線內型又有兩種，一種是作業人員在輸送帶上作業的定速式，一種是輸送帶每隔一段時間會停止的單件式。例如汽車車體的焊接組裝作業，就是使用單件式。

除此之外，在堆積物料或產品，或供應零件給組裝生產線時，會使用到滾筒式輸送帶，或可以利用懸吊式輸送帶。

輸送帶越長，代表其結構也越多，製造時間越長。除了初期投資的花費之外，若是變更設計或配置，也會產生改造的費用等。在導入輸送帶時，必須了解輸送帶的浪費，以及配合使用目的選擇輸送帶。

重點複習

- 配合組裝作業的型態選擇輸送帶
- 了解輸送帶的浪費，選擇適合使用目的的輸送帶

作業型態與輸送帶

移動型

兼當作業台的定速輸送帶

靜止型（線外型）

搬運產品用的定速輸送帶

靜止型（線內型，單件式）

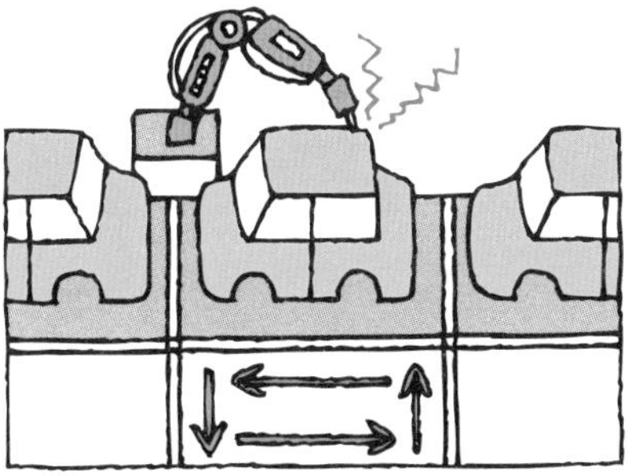

以一定間隔搬運產品的單件式輸送帶

靜止型（線內型，定速式）

定速輸送帶

輸送帶的浪費

項目		輸送帶的浪費
削減製造成本	減少待加工品	待加工品的增加與輸送帶的長度成正比。
	縮短製造期間	製造期間的長短與輸送帶的長度成正比。
	縮短作業時間	輸送帶越長，人員越多，生產線平衡就越差，浪費時間增加，導致成本上升。
對機種變更與產品設計變更的應變能力		對於較小的變化還可應付，對於新技術等大幅的產品變更就缺乏靈活應變的能力。
改善作業條件、減輕疲勞		因為輸送帶，製程間的往來變得較為不便，產生動作的浪費，人員容易疲累，效能降低。
減少設備投資額		除了初期投資的費用，後續若有製造數量改變、機種變更、設備合理化等需求時，也必須付出許多費用改善輸送帶。

35 何謂浪費

培育能注意到浪費的人才

有句話說，「浪費對任何人都沒好處」。基本上，也沒有人會在上班時刻意去做浪費的工作，但往往還是發生浪費的結果。如果不試圖去注意，想在激烈的市場競爭之中存活下來，將會非常困難。

何謂浪費

工作過程中所產生的，不論在時間上或製造上都不具附加價值的事物，或者會消耗過多的人力、物料的事物，都稱為浪費。具體的例子如下：

①時間（人力）的浪費

待工待料、尋找、搬運的重複步驟、過度檢查。

②庫存的浪費

購買太多物料、堆積太多半成品、成品庫存過多或長期堆積造成產品劣化損失。

③因不良品而產生的浪費

浪費資源、重新製造、修改修補。

④動作的浪費

因不適當的工具、作業方法、標準化或教育訓練不足而導致不應有的動作（損失）。

分析浪費的方法

分析浪費的方法，分成以時間來分類和以動作來分類兩種，如下表所示。

	概略分析（發現重點）→（關鍵點）詳細分析
時間	工作分析→時間分析→PTS法
動作	製程分析→動作分析→基本動作

若要將工作分析的結果以圖表示，就如左頁圖1。

培育能注意到浪費的人才以及改善

不論什麼公司，什麼地方，都有浪費的存在。可是卻很少人會重視培育能注意到浪費的人才，並落實教育訓練。希望大家能像左頁的圖2一樣，以耐心毅力推動教育訓練。

重點複習

●分析浪費的方法為從發現重點漸進到詳細分析
●以耐心及毅力，持續培育能注意到浪費的人才

工作分析結果（圖1）

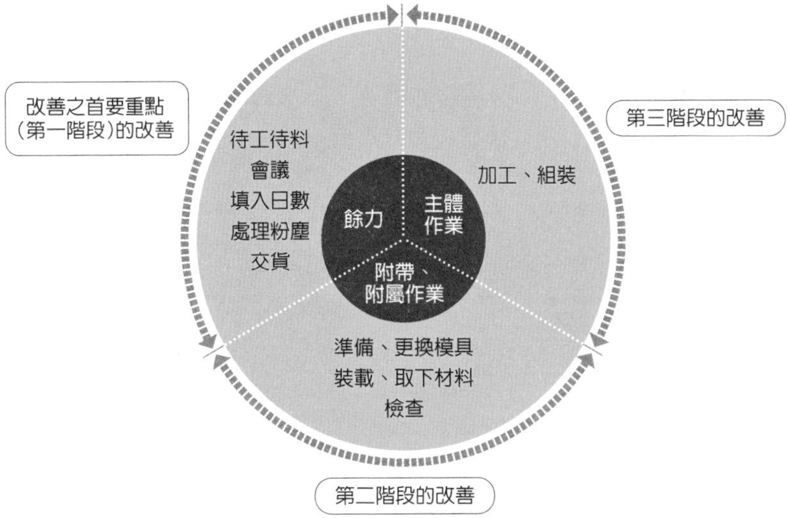

培育能注意到浪費的人才（圖2）

1 3分鐘腦力激盪

改善會議前3分鐘腦力激盪集中訓練

2 10分鐘10個改善提案訓練

觀察工廠內，於10分鐘內提出最少10個改善提案的定期訓練（動作、品質、成本、安全面等等）

豐田生產方式之中

看得見的浪費：加工錯誤、待工待料（一眼就能看出來的）

看不見的浪費：架構變更後多出來的東西（乍看之下似乎是工作）

36 七種浪費

豐田生產方式將浪費分為七種

豐田生產方式將使產品成本增加的浪費分成一至四次，以凸顯出需要改善之處。主要如下：

①一次浪費——過多的人力、設備、庫存。

②二次浪費——製造過度（最糟糕的浪費）。

③三次浪費——過多的庫存浪費（利息費用）。

④四次浪費——多餘的倉庫、搬運人員、搬運設備、管理者及維持者、PC使用。

由於上列因素，使得設備折舊費、間接勞務費等增加，產品成本因而上升。

七種浪費（浪費分成以下七類）

①製造過度的浪費：工作進度太快，過多的人力設備侵蝕物料，導致製造過多，這是最糟糕的一種浪費，必須視為最重要的管理項目。

②待工待料的浪費：只會監視自動化設備、機器故障就完全沒辦法作業、等待零件，以及缺貨物品導致作業暫停等，這些待工待料的狀況都屬於這一項。

③搬運的浪費：超過必要程度的搬運距離、作業到一半暫時放置、重複搬運、移動堆積物品等。

④加工本身的浪費：作業狀況不穩定，或作業人員本身不熟悉，導致無法以最恰當的速度進行加工。

⑤庫存的浪費：倉庫費、搬運費、管理費等庫存管理費用，以及生鏽等導致產品劣化損失。

⑥動作的浪費：步行、把物料或工具拿來卻放在一邊、採用不自然的作業姿勢，以及因判斷錯誤導致損失等。

⑦製造不良品的浪費：因不良品而產生物料、零件、人力的浪費。

其中最糟糕的浪費就是「製造過度的浪費」，這一項必須視為最重要的管理項目。因為這項浪費往往隱含著其他六種浪費，甚至阻礙了改善的推行。

重點複習

●製造過度的浪費是最重要的管理項目

●培養看穿七種浪費的眼光

七種浪費與改善對策

	浪費		對策
1	製造過度的浪費	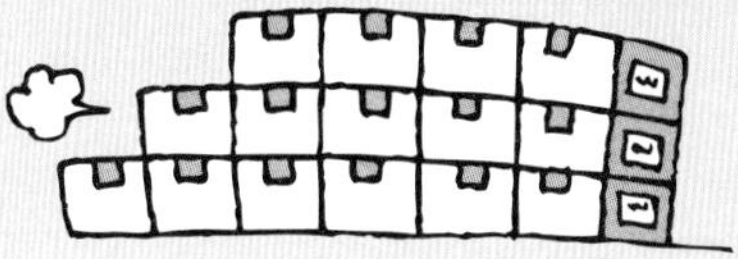	▸ 善用看板 ▸ 單件流 重要 拍子時間的思考方法
2	待工待料的浪費		▸ 製程流程化 ▸ 單件流 重要 自働化的思考方法
3	搬運的浪費		▸ 駕駛員轉機方式 ▸ 租賃車、計程車方式 ▸ 零件成套搬運 重要 讓東西放在手邊的思考方法
4	加工本身的浪費	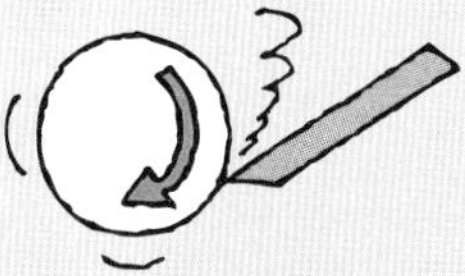	▸ 研發技術 ▸ 不需加工不必要的部分
5	庫存的浪費	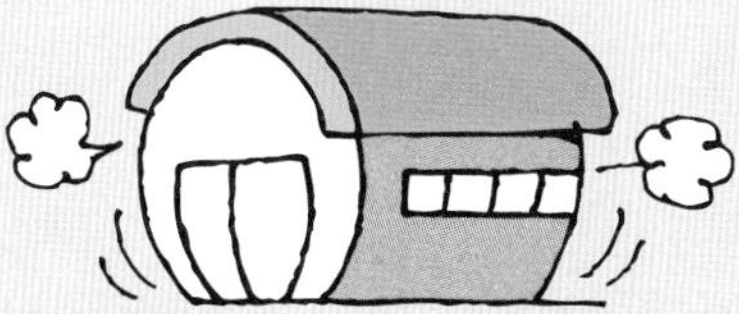	▸ 善用看板 ▸ 徹底平準化 重要 遵守製程内庫存的上限依序降低上限
6	動作的浪費		▸ 標準作業的設定與改善 重要 讓設備配置改變更為容易（禁止固定擺放設備）
7	製造不良品的浪費		▸ 以自働化徹底根除 重要 不良品→自働停止

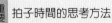

徹底做好省人、減少人力的基本功夫

37 作業的再分配

作業的分配與再分配，對製造效率有非常大的影響，且因為容易造成作業人員的不滿，更必須格外小心，充分考量各項條件後再執行。尤其是生產線作業，改善的首要重點應該是各生產線上無法產生附加價值的作業。盡量不必花錢在額外設備投資的項目，則是應該優先實施改善的地方。

改善步驟的基本項目如下所列：

●步驟1：改善（剔除）各製程的浪費作業。

●步驟2：作業的再分配→如圖所示（改善後：良好範例）。

●步驟3：削減作業人員G→如圖所示（改善後：良好範例）。

●步驟4：為削減作業人員F，進一步剔除浪費作業A至F。

在步驟1時，必須詳細分析動作與時間，徹底改善各製程間隱含的浪費動作。具體範例如下表所示。

在步驟2、3時，配合拍子時間上限，將各製程做適當分配，最後的作業人員F僅分配到三十七秒，也就是說F擁有六十三秒的空檔時間。為了讓這空檔時間更加明確，讓作業人員什麼都不要做，只要站在那邊就可以，這是很重要的。

接下來的步驟4，為了把作業人員F省人化，再進一步剔除各製程的浪費，進行改善。

想要將作業人員省下來的時候，最重要的一點就是要從其中最優秀的作業人員開始改變分配量。

進行作業再分配時，絕對不可以只是把所有作業人員的工作量平均分配（如圖，改善後：不良示範），因為這樣會隱藏浪費，讓改善變得更窒礙難行，千萬要特別注意。

分類	浪費	改善方案
有效率的動作（使用人體）	尋找、多餘的動作、步行	•利用架子、徹底顯示 •動作範圍極小化
作業容易化（作業設備）	移動位置的損失、更換工具	•位置移動簡易化 •工具組合化
作業效率化（設備等設計）	尋找、放置、停止	•工具定位化 •落下物品送出

重點複習

●實施作業再分配，以明確凸顯空檔時間

●平均分配作業量會使浪費隱藏不見

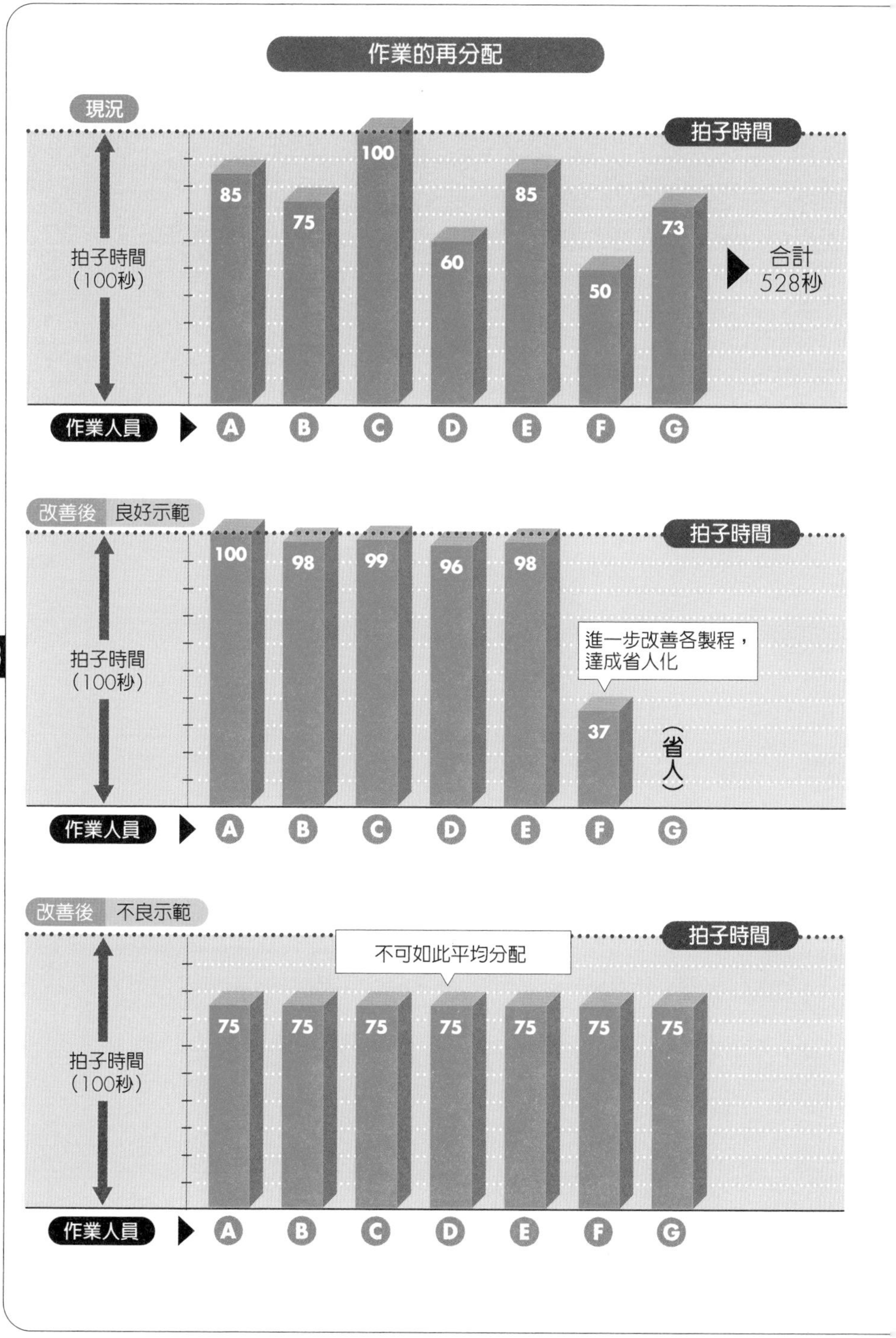
作業的再分配
現況
拍子時間
拍子時間（100秒）
85
75
100
60
85
50
73
合計 528秒
作業人員
A B C D E F G
改善後 良好示範
拍子時間
拍子時間（100秒）
100
98
99
96
98
37
進一步改善各製程，達成省人化
（省人）
作業人員
A B C D E F G
改善後 不良示範
拍子時間
拍子時間（100秒）
不可如此平均分配
75
75
75
75
75
75
75
作業人員
A B C D E F G

38 作業改善與設備改善

從徹底實施作業改善，往設備改善邁進

何謂作業改善？何謂設備改善？

剔除浪費、推行改善的方法有好幾種，其中包括「作業改善」、「設備改善」、「配置改善」等。

所謂作業改善，就是讓物料的流動可以順暢進行，其中又分為人員的工作與設備的工作。去除設備的多餘動作、將設備改善成較易作業等，都包括在作業改善之內。

設備改善則是為了提升作業能力或使作業合理化，而導入新設備或自働化設備等。

透過作業改善，向上提升

凝聚眾人智慧實施作業改善，再不斷重複相同過程，以達到讓改善內容向上提升（spiral up）的目標。之後再配合向上提升後的工廠，進行「設備改善」及「配置改善」，創造一個毫無浪費的工廠。

從徹底的作業改善到設備改善

不斷累積「作業改善」的成果之後，推行「設備改善」才能收事半功倍之效，其原因如下：

① 設備改善是一時的，作業改善是永久的。
② 設備改善需要大量投資。此外，如果不先實施作業改善就直接進行設備改善，會產生下列弊害與浪費。
③ 無法藉由改善培育人才。
④ 無法發揮現有設備的真正效能。
⑤ 若把改善內容安排到之後的設備裡，公司會因此而沒有自己的設備計畫。

自我風格的製造

設備投資的改善是點狀的、一時的改善。想讓點成為面，必須將單獨的設備改善拓展到整個生產線或工廠。因此，將作業改善的內容排進下次的設備計畫，這是非常重要的。如此才能創造出自我風格的製造方式，並建立起永無止境的改善體制。

重點複習

- 創造自我風格的製造，從不斷重複作業改善開始
- 設備投資的改善是一時的，作業改善卻是永久的

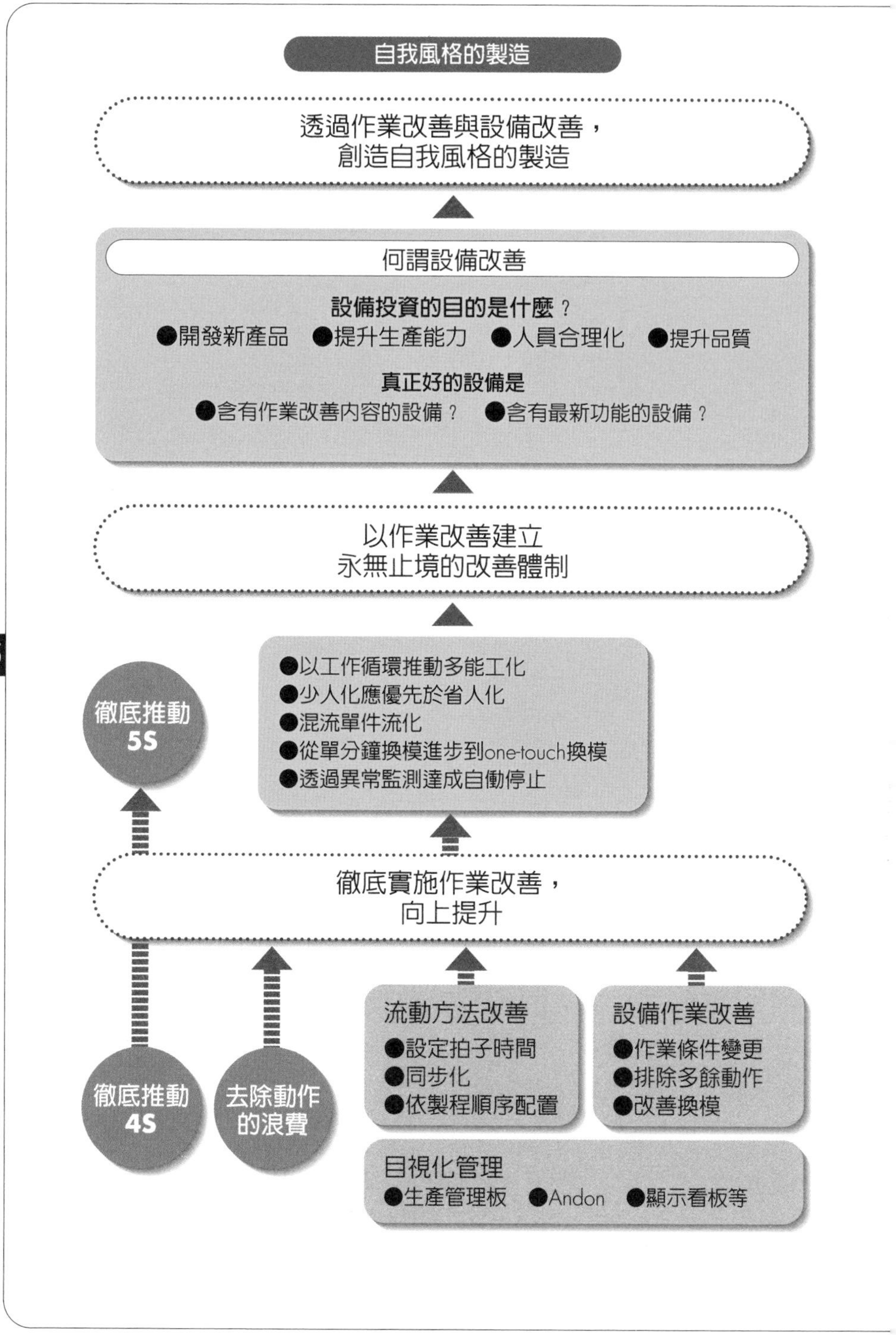
自我風格的製造
透過作業改善與設備改善，
創造自我風格的製造
何謂設備改善
設備投資的目的是什麼？
●開發新產品 ●提升生產能力 ●人員合理化 ●提升品質
真正好的設備是
●含有作業改善內容的設備？ ●含有最新功能的設備？
以作業改善建立
永無止境的改善體制
●以工作循環推動多能工化
●少人化應優先於省人化
●混流單件流化
●從單分鐘換模進步到one-touch換模
●透過異常監測達成自動停止
徹底推動
5S
徹底實施作業改善，
向上提升
流動方法改善
●設定拍子時間
●同步化
●依製程順序配置
設備作業改善
●作業條件變更
●排除多餘動作
●改善換模
徹底推動
4S
去除動作
的浪費
目視化管理
●生產管理板 ●Andon ●顯示看板等

39 目視管理，掌握異常

發現浪費，剔除浪費的管理方法

發現浪費，剔除浪費

在必要的時間，將必要數量的必要物品提供給顧客，這「Just in Time」的精神必須徹底落實到每個製程當中，各製程的加工方法都必須重新審視過，去除因過度製造而產生的庫存浪費等情形，才能達到削減成本的目標。

「Just in Time」和「自働化」、「標準作業」、「目視化管理」，都是用來發現浪費、剔除浪費的管理方法。其中的「目視化管理」，就是要讓任何人，不論何時都可一眼得知設備或各種生產線的工作狀況、庫存數量、製造進度、不良的狀況等所有管理工廠時必須知道的資訊，以及這些資訊是否正常，並能進一步找出原因，再加以改善。

目視化管理的基本與要點

目視化管理基本就是5S的推動，所謂5S分別是整理（seiri）、整頓（seiton）、清潔（seiketsu）、清掃（seisou），以及教養（shitsuke）。想要打造一個不論任何人隨時都能一眼得知狀況是否正常的工廠，就必須從5S這個基礎開始。其中還包括作業場所與通道的空間配置圖、物料放置場所的指示標誌等等。

第一項要點，是必須讓人能立刻知道製造狀況與預定進度相較是超前或落後。可以利用「生產管理板」的方法，以便能馬上看出實際與預定製造數量之間的差異。

第二項要點，是必須讓人容易了解設備或作業是否順利進行，是否發生什麼樣的異常狀況。可以利用「Andon」（一種會發光的指示燈裝置）來通知監督者或管理者異常發生的情形。零件不足、不良、設備故障，或其實機器並非異常而是正在換模，這些狀況都可以用Andon來通知。

第三項要點，是必須公開所有的工廠資訊，包括品質的狀況，讓全體員工都能共同參與，一起向工廠的目標邁進。公司外部的不滿意見、產品的削減成本目標，以及工廠的目標與達成進度等，都應該讓全體員工知道這些訊息。

重點複習

- 讓任何人隨時都能一眼得知狀況是否正常
- 目視化管理的基本與要點，就是整理、整頓、生產差異的管理、Andon及各種資訊的透明化

目視診察	耳聽診察

用胃鏡以目視檢查，不論是誰都能一目了然

你需要再做
更精密的
檢查喔

用聽診器以耳朵聽診，需要豐富的經驗

目視化管理的基本與重點

第三重點　現場資訊的可視化
公司外部的不滿聲浪、削減成本目標、工廠的目標及其達成狀況

第二重點　異常管理的可視化
以Andon顯示不良、設備故障、換模中等資訊

第一重點　實際製造狀況管理的可視化
生產管理板、甘特圖

已經改善了什麼？
已經深入了哪些？

預定計畫未達成、異常發生的原因是什麼？

5S的推動
（整理、整頓、清潔、清掃、教養）

40 各種管理板（Andon及其他）

各式各樣的目視化管理工具

管理工具的目的

前面提到必須建立起一套制度，讓任何人隨時都能一眼得知狀況是否正常，並追查原因，加以改善。想要有效率地追查原因加以改善，不能依賴直覺、經驗、膽量等這些虛無飄渺的東西，而必須收集正確的資訊及確定的數據，再加以分析，根據事實做出判斷。管理工具的目的，就是讓浪費或異常的內容凸顯出來，再收集數據，幫助作業人員找到原因並改善。改善是永無止境的，為了讓改善持續下去，必須要配合工廠目標使用管理工具，收集確實的數據。

目視化管理工具

要凸顯出浪費或異常的方法。隨著目的不同，有下列幾種工具可以利用：

①生產管理板

用來顯示製造狀況的管理板，填入各項資訊，可顯示出製造進度比預計目標是超前或落後、實際製造數量、運作狀況、生產線停止的原因等。

②Andon

Andon是一種指示燈，用來通知管理者或監督者設備或生產線的運作狀況，以及異常的內容等等。Andon各有不同目的，如(a)顯示零件不足、不良、設備故障等發生時的異常燈號；(b)顯示正常運作中，或正在換模中的運作燈號；(c)顯示工作進度的進度燈號等等。

③顯示看板、配置指示

顯示看板用來讓作業人員可以馬上知道零件或工具等放置在何處、有多少數量；配置指示則顯示零件放置處、設備、通道等配置資訊。

④市場聲音、職場目標

市場的顧客對產品有何不滿，或職場的目標為何，以及目前達成的進度等，提供這些資訊可以提升全體員工的參與感，讓大家一起朝目標努力。

重點複習

- 管理工具的目的在於收集改善用的數據
- 配合自己公司的工廠選擇管理工具

管理工具的目的

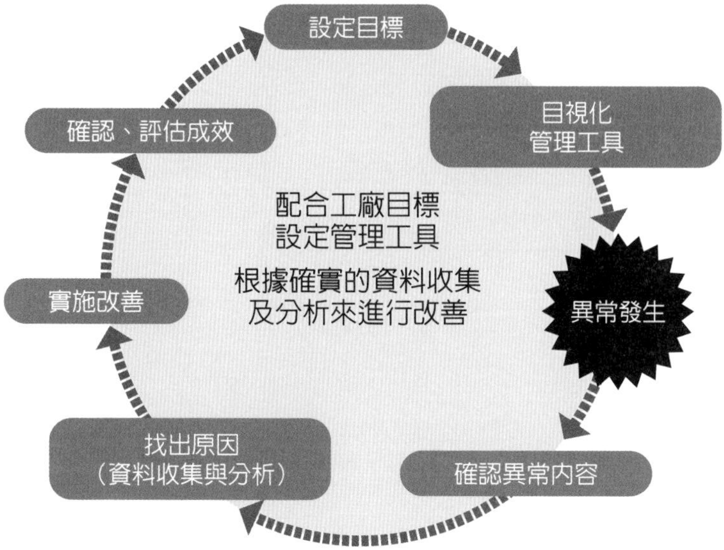

各種管理板範例

生產管理板

時間帶	計畫	實際成績	差距	備考
9:00~10:00	50/50	45/45	·5/·5	OO故障
10:00~11:00	50/100	50/95	0/·5	
11:00~12:00	50/150	45/140	·5/·10	因為XX而延遲

Andon

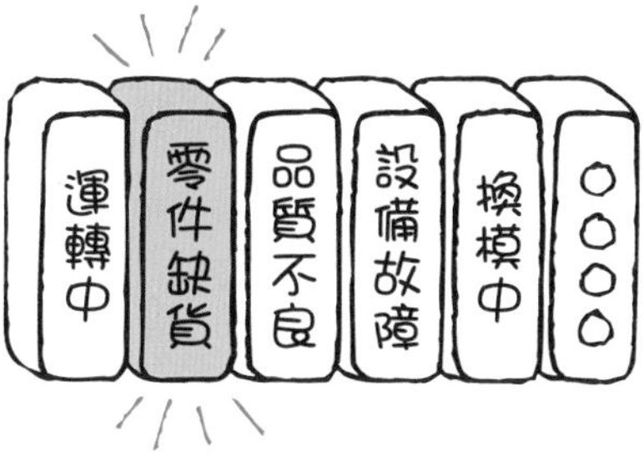

客訴件數

41 整理整頓，減少尋找的麻煩

到處尋找東西的浪費

內容與原因

整理、整頓是為了防患於未然。工作時偶爾會忽然需要某項工具或物料，如果屆時不能立刻拿到，就必須特地去尋找，這就是一種浪費。因為尋找東西的這段時間，重要的製造工作必須被迫暫停，導致生產效率低落。尋找東西的行為不僅無法產生附加價值，還會妨礙製造的進行。更糟糕的是，萬一找不到需要的東西時，還要另外想辦法，形成雙重浪費。

對策

要去除這類浪費，最有效的方法就是5S，其中整理、整頓（2S）更是基本。不要的東西就丟掉，只將最低程度的需要物品放在隨時可以拿得到的地方，並分類保管。

整理整頓也是製造的基本，因為整理整頓可以提升生產效率、產品品質，使搬運作業合理化，確保作業安全，進而降低成本。

要消滅尋找東西所造成的浪費，必須先從物品的整頓開始，也就是必須先把工廠中原本雜亂無章的東西分門別類整理好。整理時將需要的和不要的物品確實分開，不要的東西就捨棄。重點是必須訂立整理的標準，如左頁圖表所示，根據需要程度的不同進行層級管理。

整理之後，判斷為需要的物品，就確實放在隨時可以拿到、使用的地方，並且製作一張分類表，讓任何人都可以馬上知道什麼東西在哪裡，這就是整頓。整頓應該依照下列三個原則來進行：

①決定放置場所——必須有法有則。
②決定放置方法——必須考量尋找和拿取的便利。
③遵守保管規定——必須徹底執行規定。

重點複習

●整理整頓是5S的基本
●根據需要程度進行層級管理

整理、整頓

整理 → 分類
- 需要的物品 → **整頓**
- 不需要的物品
  - 廢棄
  - 再利用
  - 放置於其他場所保管（有保管期限）

整頓 → 設法改善
- 配置
- 明確標示保管方法，如標明方法、識別標誌等
- 制訂並遵守保管規定

實施右列辦法，提升P.Q.C.D.S.M.
P：生產力
Q：品質
C：成本
D：交貨期
S：安全
M：幹勁

整理的重點

	使用頻率	整理方法
少	一年可能使用不到一次	廢棄
少	半年至一年使用一次	放置遠處保管（視情況廢棄）
普通	一至兩個月使用一次以上	集中於工廠內放置
多	一天至一週使用一次以上	放置於作業處

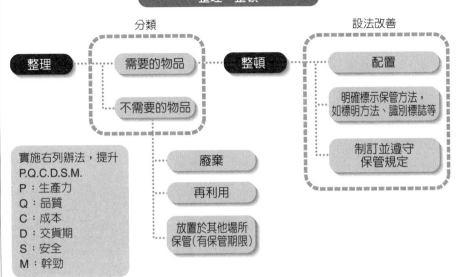

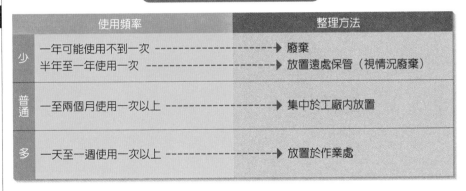

42 機器清潔的重要，甚於環境清潔

清潔是為了檢查，檢查是為了發現異常

為了保持工作環境清潔，沒有油污或垃圾，創造令人舒適的環境，工廠常會有（環境）清潔運動。地板和牆面當然要乾淨，機器設備、工具、架子等所有在工作上會用到的東西，都應該保持清潔。

不過，清潔機器設備，不是把機器主機或外殼擦得閃閃發亮，或是把外表修補一番，讓人看起來賞心悅目這麼簡單。機器設備的清潔，其基礎思維應該是檢查清潔（清潔檢查）。清潔檢查即是：

●清潔是為了檢查
●檢查是為了發現異常

也就是說，清潔是為了找出機器故障的潛在原因，並加以改善。因為在製造過程中容易出現的幾個較大的浪費（因短暫停止、速度降低、嚴重故障等發生的產品不良或產品修正），都是因為機器故障所造成的。清潔是預防機器故障的第一步，非常重要。

機器的問題不是全都丟給維修部門就沒事了，在工廠現場的作業人員也要積極參與，認知到「自己的機器要由自己來維護」。

有了這樣的意識，就會發現到平常沒注意的機器油污或粉塵的污漬、長年堆積的灰塵污垢是那麼厚，還有些地方以前從來沒檢查到。作業人員若有了維護自己機器的想法，清潔時就會打開機殼仔細清掃每個角落，如此應該會發現某些地方「感覺怪怪的」。

這些「怪怪的」感覺其實是非常珍貴的資訊，因為只有對機器本來正常的模樣非常熟悉的人，才會知道機器應該是什麼樣子。若是發現「怪怪的」地方，就能進行下一步的改善，進而培養出對設備非常拿手的作業人員，防備機器故障於未然。

實施清潔運動的成果，許多工廠人員都表示「機器好像重獲新生」、「作業人員看待機器的態度不一樣了」，甚至「整個工廠都改變了」。

重點複習

●自己的機器自己來維護
●「怪怪的」感覺其實是珍貴的資訊

清潔檢查

清潔要從大處著眼，小處著手

43 從多機器到多項製程

防止過度製造待加工品

多機器管理

這是機器加工工廠以機器分類配置來提升效能的方法。如果一個作業人員負責一台機器，作業人員必須將待加工品裝設到機器上，機器才能加工，而在機器工作的時候就會產生等待的浪費。若是作業人員趁一台機器在進行切削加工的時候，將其他的待加工品裝設到機器上或取下來，盡量管理多台相同的機器，就能提升每個作業人員的產量。不過要注意，如此容易製造出過多的待加工品，反而形成浪費。因此有人提出多製程管理的想法，依製程順序來進行加工。

多製程管理

不用等到實施單件流生產，只要減少每批的製造數量，就能發現在大量製造時沒注意到的、隱藏在製程內的「拍子時間的平準化」問題。

若是以輸送帶來進行組裝作業的生產線，比較容易配合拍子時間調整各製程的作業內容，使之達到平衡，也就是比較容易做到平準化生產。

但在機器加工方面，由於每個製程的機器加工時間（machine time）和作業人員的熟悉程度各不相同，而這兩項又和作業時間密切相關，因此製程內的作業時間很難平均，平準化是非常困難的。

所以有人提出一個辦法，就是讓作業人員搬運待加工品，在多台機器之間移動，來進行加工作業。這也是讓機器加工工廠實施單件流生產的一種方法。其方式，是按照待加工品的加工順序，將不同種類的加工機器（例如車床、銑床、鑽床、研磨機等）排列在某個範圍內，讓一個作業人員負責管理，進行連續加工。這個方法稱為「多製程管理」。要做到多製程管理，作業人員必須具備多能工的能力。

重點複習

- 拍子時間的平準化
- 多能工化為關鍵

多機器管理與多製程管理

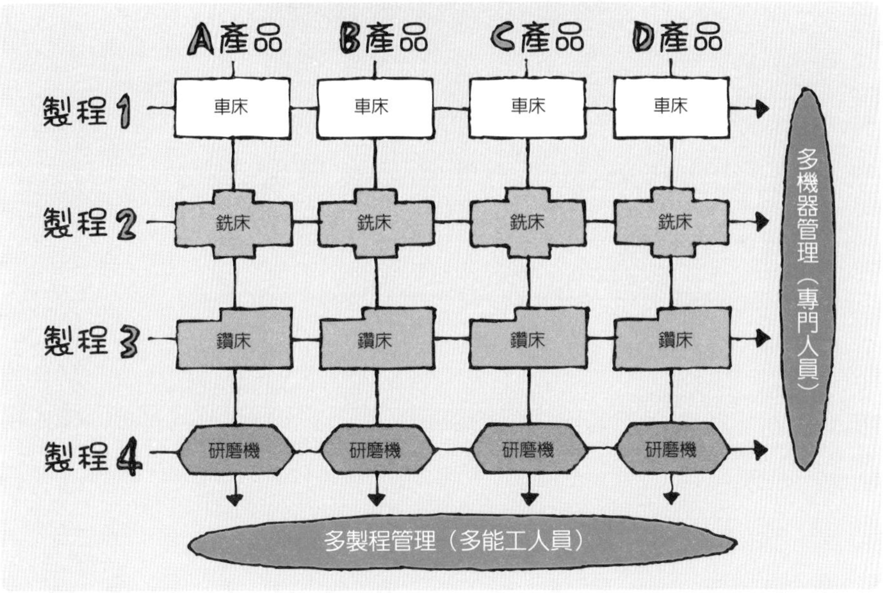

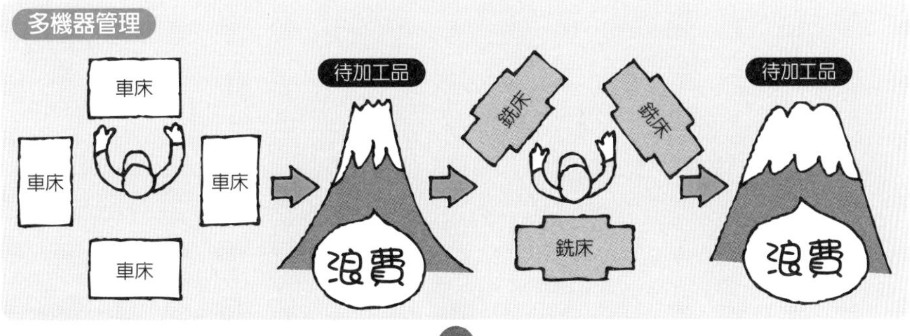

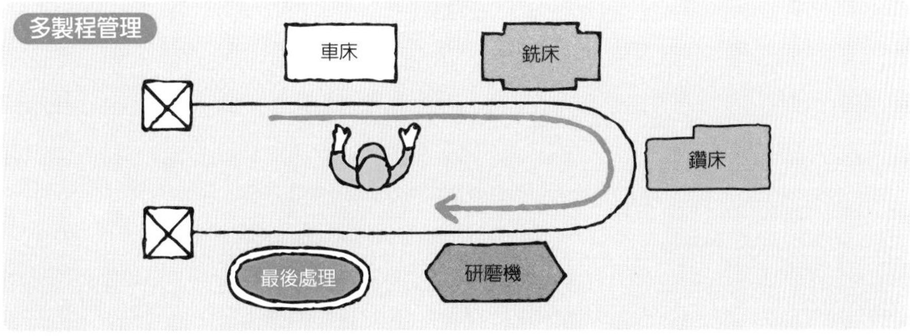

44 通暢靈活的配置

考慮人員、物料、資訊的流動

製造工廠的配置，必須考慮到物料的流動、作業人員的動作、資訊的流動等是否都通行無阻，若有窒礙，則人員、物料、資訊的運用就不能達到最高效率，產生時間上的損失。而且要改善問題，可能要全面更改配置、全部重新設計，付出的金錢和時間成本難以估計。

因此，根據基本原則與長期預估來設計配置，就能防止損失，並將浪費減到最低。

配置計畫的基本設計方法，如左圖所示包括幾個步驟，依序是P-Q分析、物料流動分析、空間相關圖製作、配置考量、配置方案選擇，以及評估決定等。在整個過程中必須注意以下幾點：

配置的原則

①明訂方針與目標。
②保有能夠應付製造規模和內容發生變化時的靈活彈性。
③製程流程化，縮短動線。
④讓管理及監督更加容易。
⑤推動整體的4M，提升效率。
⑥考慮環保與安全。

需考量的條件

①不會使待加工品發生堆積的狀況──單件流。
②不會發生放置的情況──排除搬運的需要。
③多製程管理的配置──少人化。
④能連接單位生產線的配置──少人化。
⑤設置接力緩衝區──提升效能。
⑥整個區域的正面寬度要廣，深度要淺。

禁止事項

①不要讓思考畫地自限。
②不要配置成籠中小鳥──妨礙團隊合作。
③不要造成孤立小島──妨礙團隊合作。
④要設計成讓作業人員彼此容易互助合作。

重點複習

●根據基本原則進行配置設計
●遵守禁止事項

配置計畫的基本

產品的P-Q分析

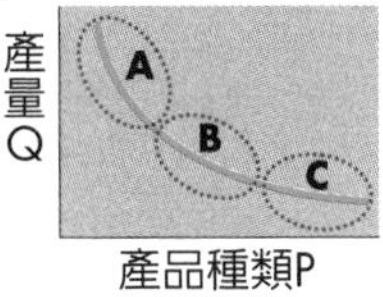

↓

定位配置的目的

Ⓐ專用生產線　產品製程分析圖
Ⓑ混合生產線　多種類製程圖表
Ⓒ依機器種類配置　流入流出圖表

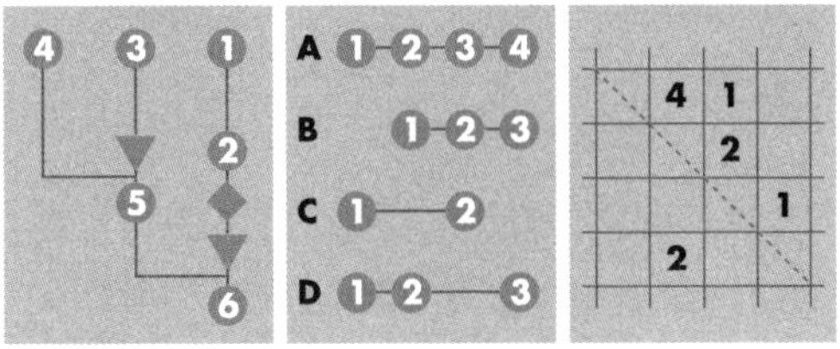

↓

空間關聯圖

必要空間
可利用空間

↓

配置檢討

應考慮之條件
①不堆積待加工品，以單件流為原則
②不會有東西需要搬運或被放置不管，以排除搬運為原則
③讓多製程管理容易達成，減少必要人員，以少人化為原則

禁止事項
①不要讓思考畫地自限
②不要配置成籠中小鳥——妨礙團隊合作
③不要造成孤立小島——妨礙團隊合作
④要設計成讓作業人員彼此容易互助合作

↓

第一案　第二案　第三案

寫在紙上
範本
立體模型

↓

評估與決定

將提案數量縮小到三個左右，
再從其中選擇金額或各項指數評估結果最佳之提案

名詞解釋

4M：人員（Man）、機器設備（Machine）、材料（Material）、加工方法（Method），稱為製造四要素。

45 從直線型生產線到U字型生產線

U字型生產線有助於達成少人化目標

機器加工工廠若要實施單件流生產，就必須將各種不同的機器（如車床、鑽床、切斷機、焊接機等）按照待加工品的加工順序排列在某個範圍內，再由一個作業人員管理控制，才能進行連續加工。

此時作業人員的基本動作，是將前製程送來的待加工品，使用已經按照加工順序排列好的機器進行加工，在完成自己負責管理的範圍內作業後，再把待加工品移交給下一個製程。然後再回到自己製程的起始，開始下一次的加工作業。若以圖來表示，就會出現像左頁圖1的I字型（直線型）生產線。採用I字型生產線，當作業人員做完最後一道加工之後，必須走回去才能開始下一次作業，如此會產生時間的浪費，因此圖2的圓圈狀U字型生產線是比較好的方式。

U字型生產線的特徵就是，生產線的出口和入口在同一個位置，因此當完成一個產品時，下一個物品就會進來，生產線內待加工品的數目可維持在一定的量。

但是U字型生產線的好處不只這些，如果搭配多條U字型生產線，就能依照產品的製造量，靈活調度作業人員的數目，也就是U字型生產線還能做到少人化。

比方圖3是A到F六個U字型生產線組合在一起。〇〇年十月，這條組合生產線的拍子時間是一．二分鐘，根據此拍子時間而配置六個作業人員，如圖3所示。但是到了十一月，該產品的市場需求降低，拍子時間變成一．四分鐘。為了不產生待工待料的浪費，於是重新安排這條生產線，並進行作業人員的作業再分配。結果如圖4，各個作業人員雖然比上個月必須多做一點額外的工作，但是只要五個人就能應付製造的需求。

重點複習

- 生產線的出入口應在同一位置
- 搭配多條U字型生產線，可靈活調度人力

I字型生產線（圖1）

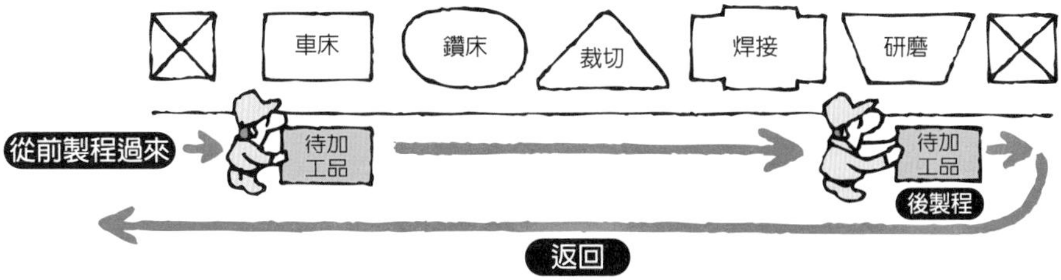

U字型生產線（圖2）

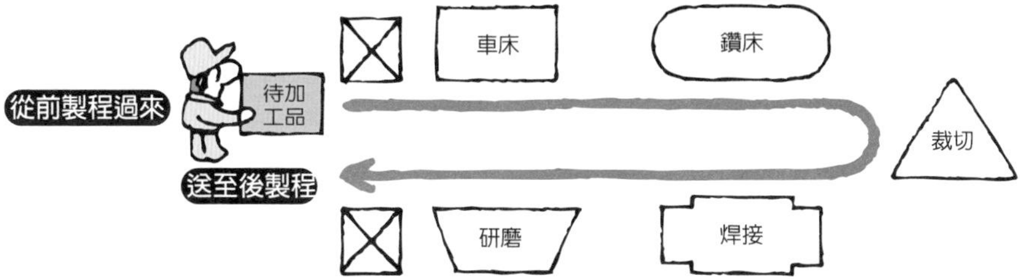

○○年10月的作業分配（圖3）

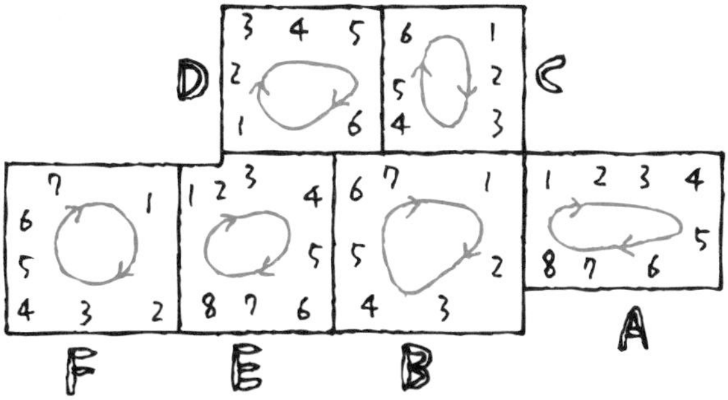

○○年11月的作業分配（圖4）

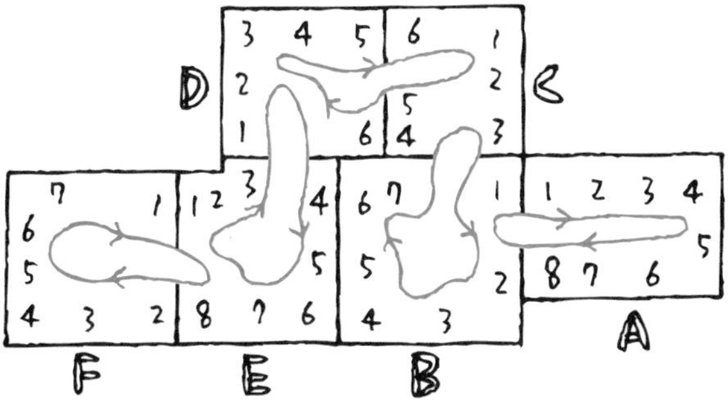

46 其他生產線

若重視機器的工作效能效率，就按照機器種類配置

前面我們提到了U字型生產線，透過按照製程順序的配置，來排除製造過度的浪費。除此之外，還有一種稱為「依機器種類配置」的方法。這種方法是把生產線分成車床組、銑床組、鑽床組等單一製程，將同一種機器集中配置在一起。

這種方法的好處是，作業人員容易上手，一個人可以管理三至四台以上的機器，也就是之前提到的「多機器管理」。如此不但可提升機器的效率，作業人員的生產量也會增加。這種方法的機器配置型式，如左頁圖1所示，有コ字型、三角型、四角型、菱型等。

但相對地，這種「依機器種類配置」的方法，容易製造出過多的待加工品。而且車床組、銑床組、鑽床組等各個製程分別完成了該製程的加工後，待加工品到下一個製程前，會有些許的停滯，如此將增加搬運的動作，最後完成的時間反而比較長，效率較差。其中特別需要注意的，就是容易產生製造過多的浪費。

因此若要採用「依機器種類配置」的方法，可以改成「半流動式」或「流動式」，如圖2及圖3所示。兩種方式的作業人員都不必移動，只有待加工品需要移動。依物品種類分別製造的「半流動式」，機器與單能單工的作業人員是固定的，前製程加工完成的待加工品，可以順利移交給下一個製程，逐步增加其附加價值。

流動式則是利用滾筒式生產線或滑運道，將待加工品送到下一個製程，作業人員和機器也是固定的。這兩種方式是根據不移動作業人員、作業人員在最小範圍內工作最好的想法，不過每台機器的工作時間不一樣，因此很難讓整體工作量平衡。所以，在生產線整體效率的考量之下，才會有U字型生產線的誕生。

重點複習

- 同種機器集中配置
- 以最小動作來工作

機器工作場所，依機器種類配置（圖1）

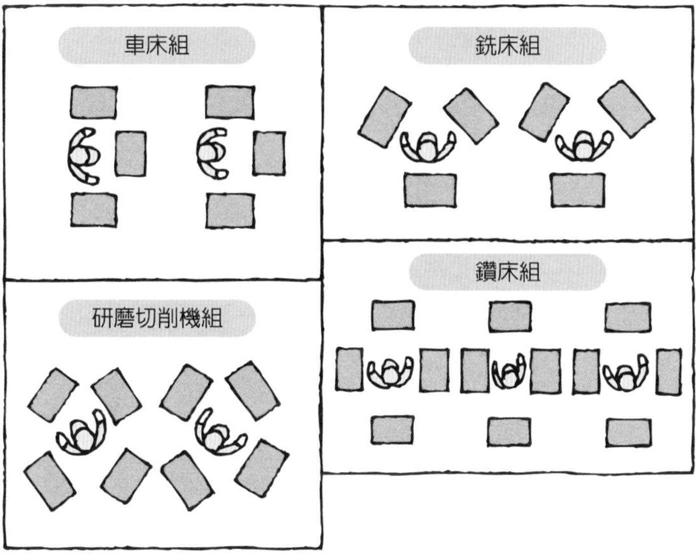

依物品種類配置的半流動式（圖2）

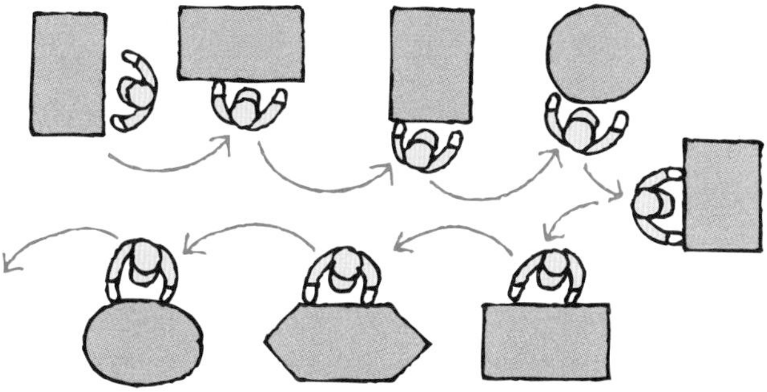

流動式（圖3）

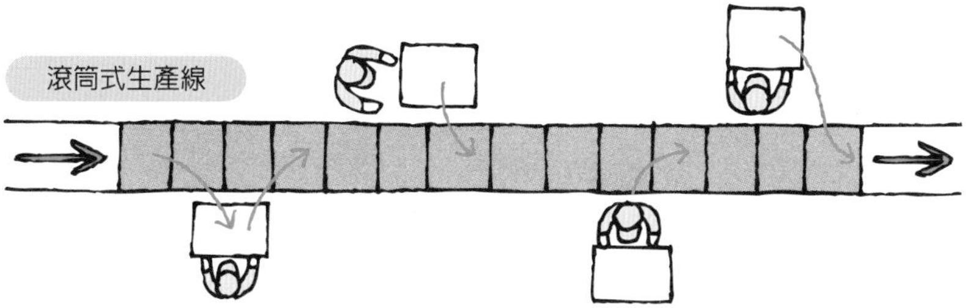

47 犯錯之前就要改善

橫向推展才能做到犯錯前就改善

製造的最大錯誤，就是製造出不適合的物品。誰都知道製造出這類「不適合品」會使成本增加，但是到底會增加什麼成本，可能就不是人人都清楚。

若是不小心製造出不適合品，浪費的成本除了該物品的材料費、加工人力的費用、設備費、能源費、工廠間接經費、管理費等這些與製造成本直接相關的費用之外，還有分類所有產品、修改不適合品、修理、再檢查、取下、搬運、保管、調查不適合的原因、擬定暫時對策、永久對策、確認對策實施效果、整理相關資料、水平推動其他類似產品的對策、連絡銷售通路等相關部門之種種間接發生的費用，損失的金額非常驚人。

要是正在趕工，無暇修改不適合品，還必須將正在製造機器上加工的待加工品先拿下來，把要修改的東西裝上去，則原本應該要做的製造工作就無法繼續下去，造成機會的損失。更嚴重的是，中途插入別的工作會打亂原本的製程進度，使工廠整體的製造計畫大幅走樣，其損失更加鉅大，甚至能使以往日積月累好不容易做出來的改善績效，一瞬間化為烏有。

製造的架構之中若有進行不順暢的地方，很可能就隱藏著這一類的錯誤。針對這些錯誤，必須實施補救措施，恢復成原本應有的狀態，但是這不能稱之為改善。

接下來的改善才是真正的重點，問題發生時正是改善的大好良機，以4M（請參考第一〇七頁）等方法為主，思考現今的做法是否已是最好，有沒有效率更好的方法，藉此有效提升製程的品質。同時在設備裝置的防呆設計、自働化等方面，也要仔細動手改善。

如此將改善方案橫向（水平）推展開來，就能在犯錯之前做好改善。

重點複習

- ●不適合品是製造最大的錯誤
- ●補救措施之後的改善才是重點

製造出不適合品時所產生的浪費

浪費的種類	內容
成本的浪費	材料費用、勞務費用、各種經費等所有的成本都是浪費
應付客訴的浪費	找出不適合的原因，檢討對策方案，進行適當處置等各項費用
製程混亂的浪費	若需要回收不適合品、甚至修改時，必須進行換模等作業，將使原本的製造作業暫停，打亂原定的生產計畫

犯下粗心錯誤之前應做的改善

以作業人員感官直覺達成防呆目的	以機械設計達成防呆目的
●以顏色或識別記號標明 ●將相似的零件或材料放置在有相當距離的地方 ●改變工具的形狀，設計成用手觸摸就能分辨 ●注意事項以較大字體標示，敘述應簡潔明瞭 ●設計警鈴警報	Ⓐ 對於前製程尚未加工完成的待加工品，工具不會開始動作 Ⓑ 當檢測器探知待加工品已確實裝載於機器的固定位置上時，才能開始加工作業 Ⓒ 在帶狀輸送帶中間設置分類裝置，將沒有達到尺寸精密度標準的待加工品直接剔除

機械防呆裝置範例

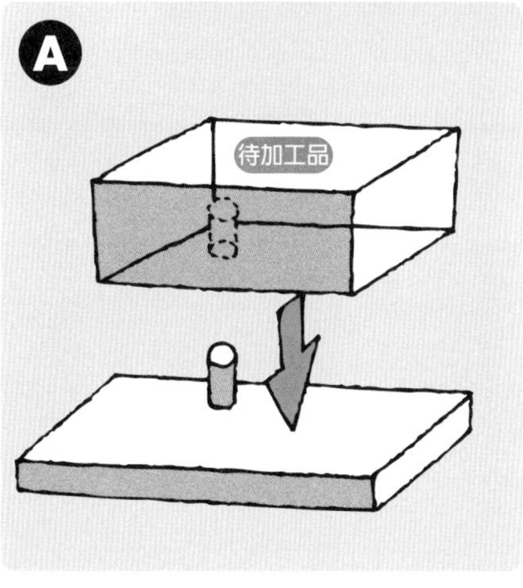

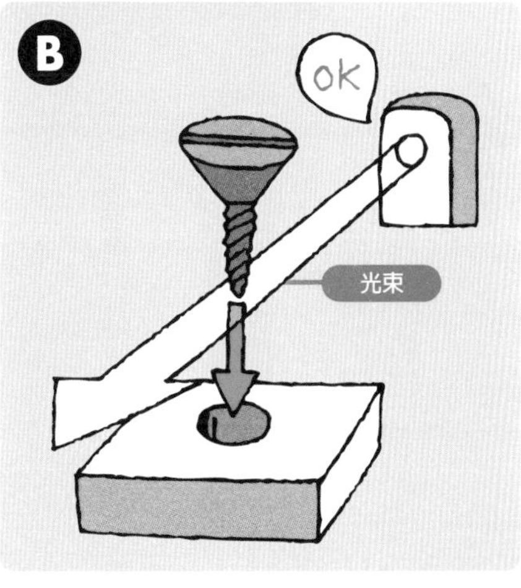

48 深入改善

讓改善的循環不斷重複

獲利是來自於剔除製造的浪費，因此必須不間斷地徹底去除製造工廠的浪費與損失，重複「作業標準化→發現異常→徹底追查原因→擬定改善方案→實施→回頭檢討標準作業」的流程，讓改善深入到整個工廠。

第一步「作業標準化」，是以剔除浪費為最大前提，推動生產平準化，也就是產品種類與數量的平均化。在這個步驟中，必須計算出每個零件或產品的拍子時間，也就是一個零組件或產品需要花多少時間才能製造出來，之後才能訂定標準作業。

工廠的標準化，必須訂定許多規定，例如根據作業順序的人員應該如何動作；倉庫的材料零件應該怎麼擺放，數量該有多少；工作量的指示；為了維護安全及環境所必須遵守的事項等等。訂出規定之後則必須徹底執行。在工廠的管理方面，當發現沒有按照既定規則的事物時必須視為異常再解決問題，並徹底實施這樣的做法。

接下來的改善，應以標準作業為主軸來推動，並以下列步驟重複循環：

①分析現狀：測量實質工作時間、觀察作業情況，確實分析並掌握數據。

②抽出問題：以拍子時間為基準，找出平衡點與不均衡的地方，讓問題凸顯出來。

③追查真正原因：連問五次「為什麼」，追根究柢找出真正的原因。

④訂定改善方案並實施：了解真正原因後，訂立改善方案也會比較容易。確定後在工廠確實推動改善措施。

⑤檢討標準作業：檢驗改善方案的成效，確認之後再設定成新的標準作業，到此結束一個循環。

這裡重要的是，如何磨練出能夠察知異常的敏銳感覺。要排除浪費，必須具備不看漏重要線索的眼光。

重點複習

- 改善的第一步就是標準化
- 磨練能察知異常的敏銳感覺

改善的循環

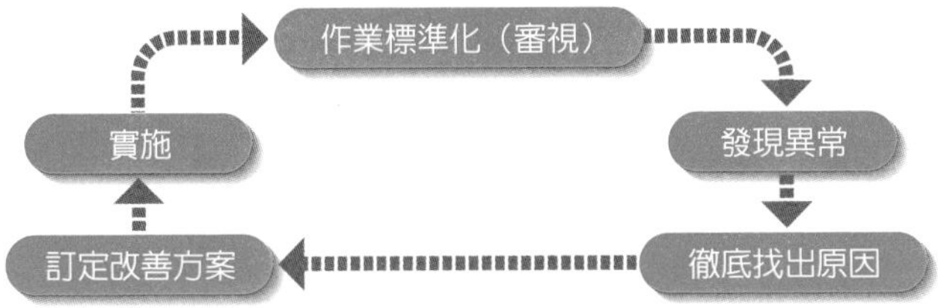

七種浪費與改善方案

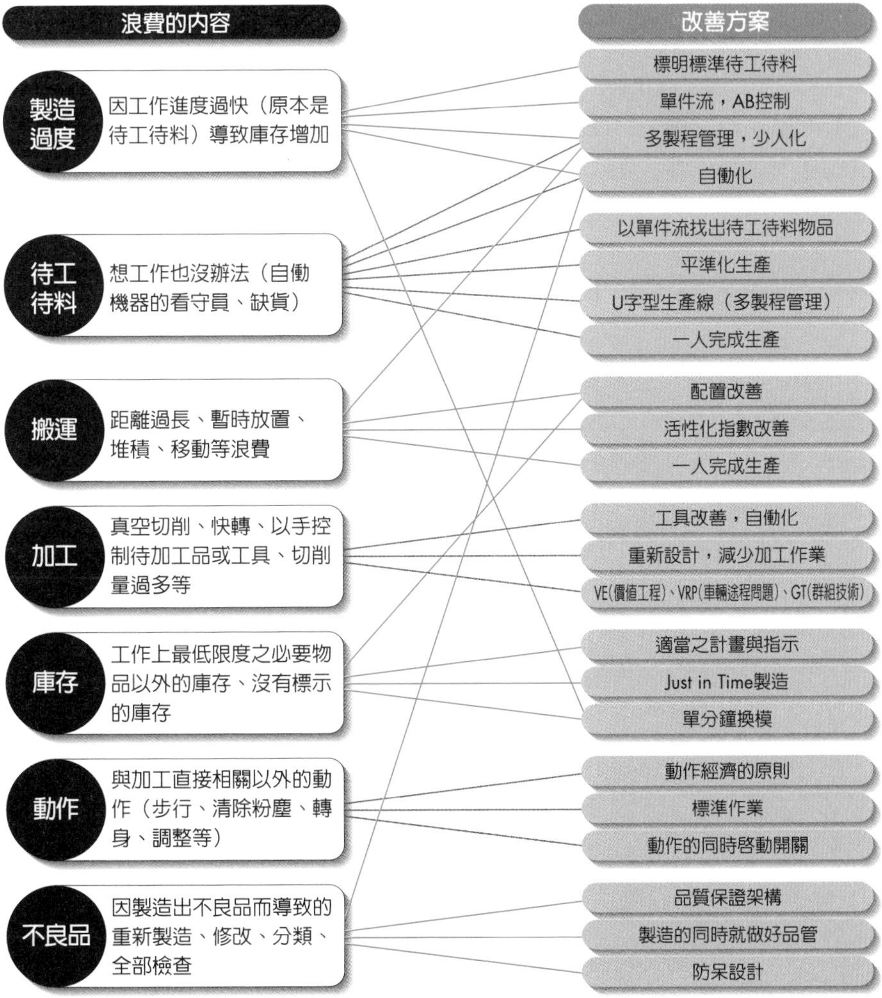

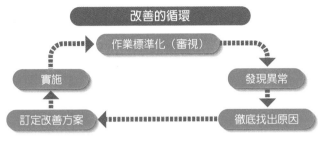

發現浪費的著眼點

不能產生任何附加價值的作業就是浪費。發現浪費和剔除浪費，必須要有一定經驗的人員才能辨得到。

要打造一個不論任何人都能立刻發現問題的工廠，5S和可視化的實施是非常重要的。

關鍵在於「集中在一個動作並仔細觀察」。

物品的動作

- 上下左右
- 反轉
- 方向轉換
- 放置

等等

眼睛的動作

- 尋找
- 選擇
- 確認
- 看不清楚
- 凝視
- 注意
- 不安焦急

等等

腳的動作

- 踩空
- 縮回半步
- 多踩半步
- 停止不動

等等

手的動作

- 上下左右
- 單手持物
- 拿著不動
- 換手
- 反覆
- 不容易拿取
- 不方便作業
- 放開的時候

身體的動作

- 轉過身來
- 鏡像
- 伸懶腰
- 大動作
- 搬運重物
- 拖拉
- 不安全行為

等等

第6章
自働化

49 何謂自働化

凸顯浪費與異常

「自働化」的構想，其實是來自豐田公司創始者豐田佐吉先生所發明的「自動紡織機」。當線斷掉或用完的時候，「自動紡織機」會立刻自動停止，以免製造出不良品。這就是「自働化」的概念。

豐田認為所有的機器都應該具有「人類的智慧、職場的智慧」，也就是加了人字旁的「自働化」，一旦發生任何異常，機器就應該主動停下來。這個概念拓展到生產線，萬一發生異常，作業人員必須根據自己的判斷，主動停止生產線，徹底調查問題發生的原因。藉由「主動停止機器，機器自動停止」，讓問題凸顯出來，再施以改善。

相反地，沒有人字旁的「自動化」，只是會動的東西，一旦發生異常，就只會弄壞模型或機器，製造出一大堆的不良品。因此需要有人負責看守機器，但是如此一來，機器自動化的意義就蕩然無存了。

機器有任何異常就必須主動停止下來，這一點非常重要。機器若運作正常，就不需要有人在旁邊看守，只有機器發生異常停止工作時，才需要有人去察看出問題的機器。如此一來，一個人就可以同時管理好幾台機器。重要的是萬一異常發生，機器會自動停止，此時必須確實找出問題所在，這樣才能進行下一步的改善。如果機器不停止，繼續工作下去，就無法發現機器內部潛在的問題。

自働化的前提是「確保安全」。機器設計必須遵循最根本原則——絕對不會引起災害。即使異常發生，機器的安全裝置也應該立刻啟動，讓機器全面停止。

將加工部門的自働化概念應用到組裝部門或生產線，稱之為「另一個自働化」，藉此建立不讓不良品流出、不過度製造的生產機制。組裝生產線的自働化代表，就是以ＡＢ控制為基礎的「全力作業系統」與「定位停止」。

重點複習

- 異常發生時機器應自動停止
- 自働化可解決潛在的問題

何謂自働化

不論機器設備、人員或生產線，能自行偵測並知道作業與機器本身是否出現異常，若發現異常立即主動停止，即是所謂的自働化。

其目的在於：

①透過少人化達到降低成本的目標

②因應多樣化需求

③尊重人性

因此要做到下列動作：

①建立生產線與製程的流程

②生產線或製程的出口，同時也是下一個生產線或製程的入口

③異常發生時主動停止生產線或製程

自動化的策略與做法

基本原則	目標	策略	做法	工具或方法
1.製造的同時就做好品管 100%良率	只生產良品	發生異常就停止	在生產線內裝設自動檢測機器，若發生異常即主動停止或人員主動停止生產線（另一種自働化）	自動停止裝置 停止按鈕 定位停止 生產管理板 多製程管理 防呆設計
		判斷是否發生異常	以燈號或警示音等通知異常發生（目視化管理）	
2.省人 減少工時	廢除監視人員	將人員的工作和機器的工作分開來	機器在工作的時候，人員應該到下一個製程去做別的工作	

自働機器（少人化）

自動機器（省力化）

50 以AB控制防止生產過剩

不同製造能力機器之間的存貨控制

一般廠商的製造方法，都是讓製造能力較高的機器盡量製造，將製造出來的產品儲存起來，再讓機器休息一段時間。但是此舉很容易發生「製造過度的浪費」，而製造過度同時又會引起其他各種浪費，形成連鎖反應。

假設自己的製程（本製程）與前製程的接觸點稱為A點，與後製程的接觸點稱為B點，再來看看以下幾個狀況：

①當A點有待加工品，B點也有，此時本製程的機器不應該有動作。萬一機器動作，下一個製程（B點）的待加工品就會變成兩個。

②當A點有待加工品，B點沒有，此時下一個製程需要待加工品，因此本製程應該動作，將待加工品送到下一個製程。

③當A點沒有待加工品，B點卻有，此時若將待加工品送到下一個製程，就會變成①的狀況，下一個製程同時會有兩個待加工品。同時前製程因為沒有待加工品，本製程也不會有待加工品，也就是下一個生產循環時，本製程會出現閒置情形。

④當A、B點都沒有待加工品，後製程不會出現像③的不正常狀況，可是因為前製程沒有待加工品，本製程就不是「標準待工待料」狀態，一樣會發生閒置的情形。

如此假設各種狀況之後，再決定要不要將待加工品送到下一個製程，這就稱為「AB控制」。製程間的情況也是一樣。製程內應該維持在標準待工待料的狀態，不過在決定是否要取出待加工品時，就可以應用AB控制。

另外，下班時為了要核對數目，需要把所有的物品都拿出來清點，第二天作業開始後，在良品製造出來之前，必須等待一定的製程數。此時製程的入口與出口也可以當成是A點和B點，將AB控制的想法套用上去。

重點複習

●去除製造過度的浪費
●等量化、同步化、單件流為努力目標

AB控制的架構

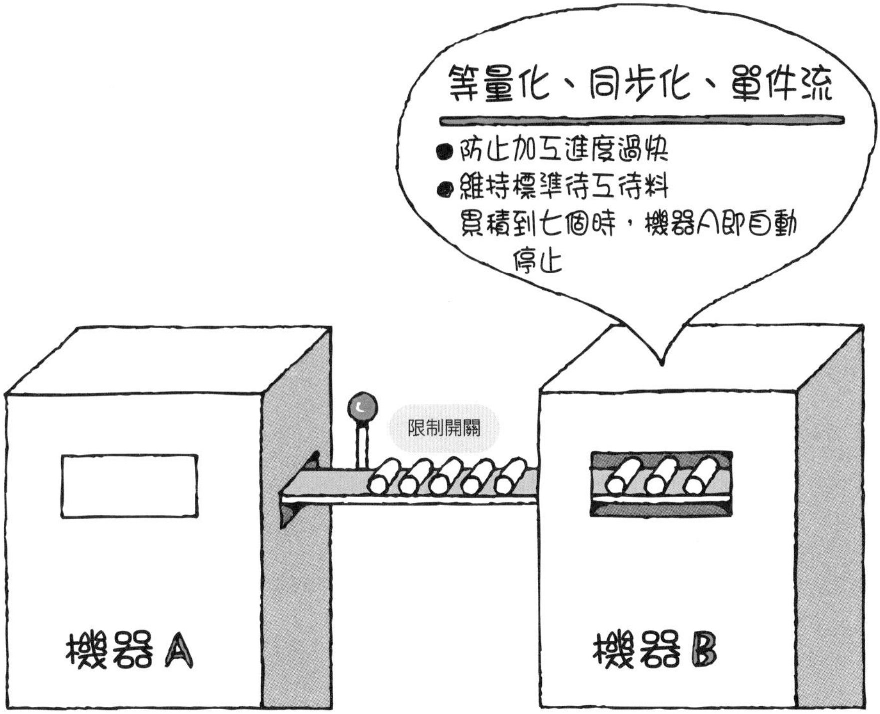

●防止加工進度過快

累積到七個時，機器A即自動停止

待加工品運送條件

A點　　　　B點

生產線→

	1	2	3	4
A點	有	有	無	無
B點	有	無	有	無

▲讓生產線動作的時機點

條件1：A、B點均有待加工品
此時若讓輸送帶動作，待加工品將堆積在B點

條件2：A點有待加工品，B點沒有
只有在此條件之下，才讓輸送帶動作

條件3：A點沒有待加工品，B點有
此時若讓輸送帶動作，待加工品之間將出現空檔，且待加工品會堆積在B點

條件4：A點沒有待加工品，B點也沒有
此時若讓輸送帶動作，待加工品之間將出現空檔

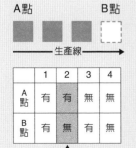

51 以定位停止找出問題所在

輸送帶生產線的自働化

組裝生產線是利用輸送帶來作業的，每個作業人員都必須在拍子時間內完成規定的工作。如果生產線發生任何異常狀況，並不會立刻停止，而是前進到定位之後才會停下來，這就是「定位停止」（如左頁圖1）。不過發生的異常若與安全有關，生產線會立刻停止。

生產線定位停止不是只有在異常發生的時候，午休時也是。當作業進行到一半時遇到午休時間，生產線會停止下來，等午休完畢之後必須接續剛才做到一半的工作。舉鎖螺絲的工作為例，午休結束後還要先確認到底鎖到哪個地方，才能接下去作業。如此很容易發生錯誤，而且製造的節奏也會被打亂。

圖2是組裝生產線定位停止的範例。假設生產線是從左往右移動，作業人員根據標準作業表進行作業的途中，忽然發生問題。作業人員首先必須以呼叫按鈕通知監督者有異常狀況發生，而呼叫按鈕應該設置的地方，是從一段既定作業範圍的開頭算起大約三分之二處。按下按鈕之後，黃色燈號會開始閃爍，此時生產線仍然持續運作。

黃色燈號閃爍時，監督者必須過來了解狀況，解除按鈕。若是進度落後就想辦法讓作業速度趕上，如此生產線就不必停下來，可以繼續運作。

若是監督者不能及時過來解除按鈕，生產線到定位停止線時燈號就會變成紅色，此時生產線也會自動停止下來。

定位停止的主要優點是，即使作業人員常常按下呼叫按鈕，也不會影響到其他作業人員，而且不需要停止生產線就能發現問題所在。只要找出異常發生的原因再加以改善，問題也會越來越少。

重點複習

- 不需停止生產線就能發現問題
- 將異常發生對生產線的影響降到最低

定位停止方式（圖1）

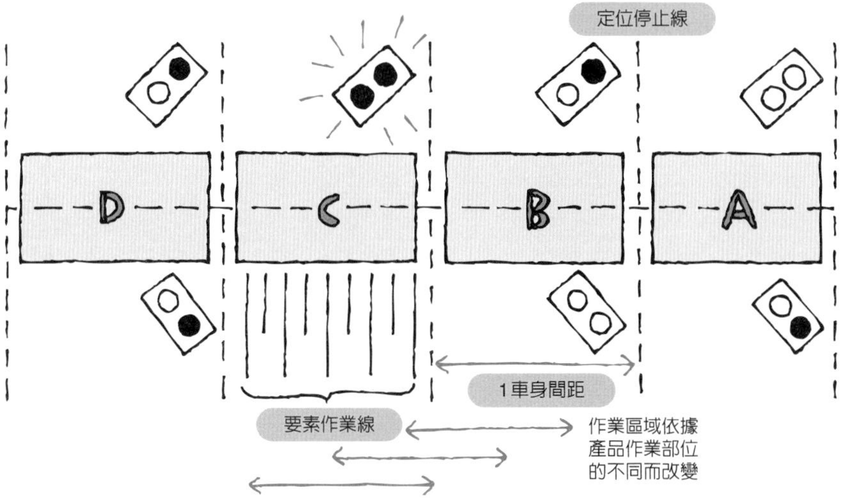

組裝生產線的定位停止（圖2）

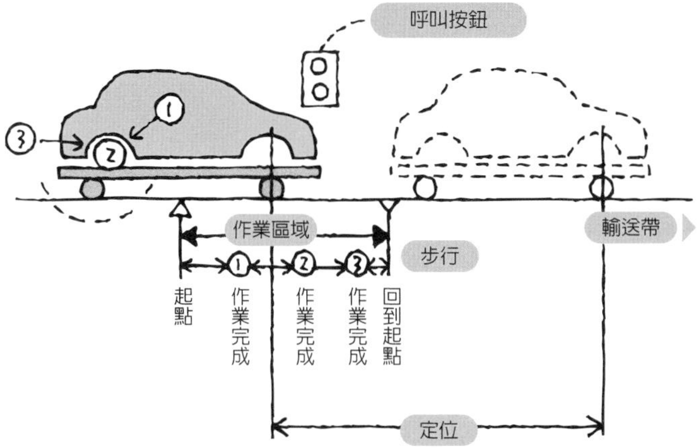

定位停止與燈號的關係（圖3）

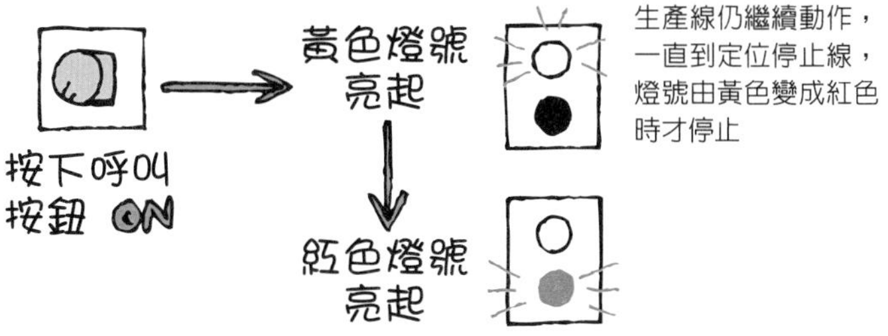

52 在機器故障之前

事前預防勝於事後治療

設備故障或生產線發生異常時，豐田生產方式的做法是，根據現場作業人員的判斷，決定是否立刻停止生產線，並以警鈴或Andon通知監督者馬上到現場察看狀況。若判斷的結果是以現場人員的能力無法修復的問題，才請維修人員過來。因為設備機器都是這些現場作業人員自己逐步改善過來的，最清楚設備機器的結構和「脾氣」的也是自己，所以豐田的設備機器萬一發生問題，幾乎都可以自行解決，不需要請設備機器製造商的負責人員來幫忙。若是把設備機器的問題都丟給製造商的公司，可就沒辦法做到自行維修，勢必得花上不少時間和修理費用。

豐田生產方式認為「自己的設備由自己來維護」，因此作業人員平日就要學習設備清潔、日常檢查、油料補給、鎖緊等維修技能，並身體力行。具備技能的人員，除了在設備異常或故障時加以修復外，還可能做些小改良，這就是「自主維修」。維修負責人員所進行的設備維修，則稱為「專門維修」。

豐田的機器設備必須具備「一〇〇%可動率」這個條件，亦即想讓機器動作時，機器必須立刻可以運轉。

設備發生故障，必須確實調查出事的原因，防止設備再因同樣的原因出錯。只有掌握住真正的原因再加以解決，才能稱得上是真正的修復。持續累積修復經驗，再加上平日的維修與不斷的改善，最後就能打造出不會故障、永不停止的生產線。

「事後維修」是指機器故障後才加以修復，若修復工作容易、故障損失輕微時，可採用此種方式。

與事後維修相對的是「事前維修」，就如預防醫學中「預防勝於治療」的原理，事前維修就是站在防患未然的立場，在設備或磨具發生異常或故障之前，就先加以預防。其中包括下列幾點：

①日常檢查，防止劣化。
②定期檢查或定期診斷，測量劣化狀況。
③修理或交換，早期修復劣化。

重點複習

- ●可動率100%為原則
- ●自己的設備由自己來維護

維修可以，但是要「修理」不可「修繕」

維修	將設備維持在完美的狀態就是維修。為了達到這個目標，必須每天小心使用機器，對於清潔保養更是不可偷懶懈怠。 預防維修……這是基本原則 事後維修……預防維修的工作中需付出保養費用的部分，以及立即可處理的部分
修繕	設備發生故障時只更換有問題的零件，或只進行臨時處置，沒有找出真正原因。如此機器將會再度故障。
修理	機器故障或發生異常時，不光只是修好發生問題的部分，還要徹底調查出真正原因，不讓同樣的問題再度發生。此外，公司內最好就能成立因應問題的處理小組，如果非要借助設備製造商的力量，則必須督促設備製造商，使其具有隨時可應付問題的能力。

預防醫學與預防維修

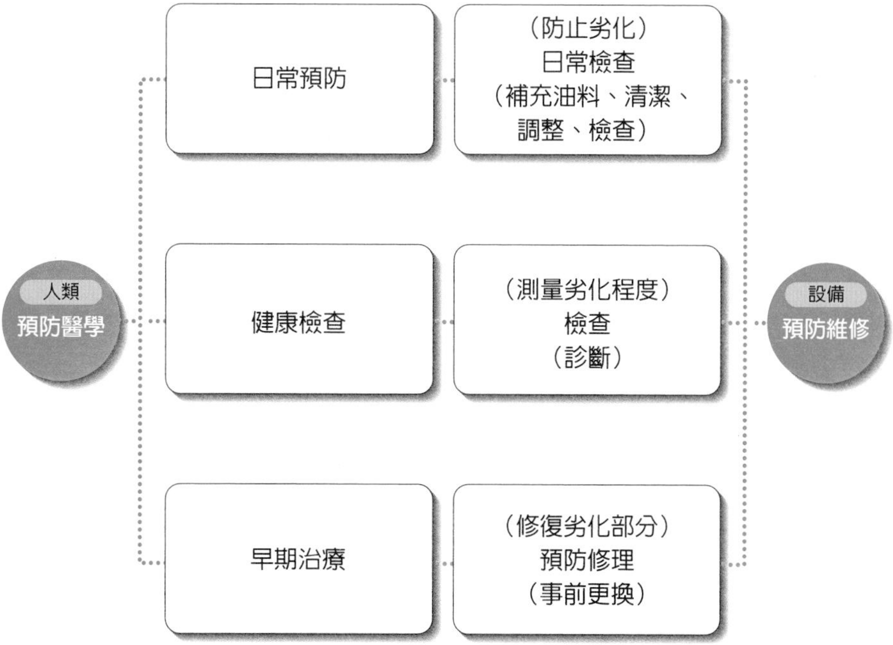

53 用耐心及恆心，排除短暫停止

設備的短暫停止

設備的短暫停止，指的是設備因為一時發生問題而停止的空轉狀態。設備停止可能是因為負荷過重導致自動停止，或各種感測器測知品質發生異常，而使機器停止下來。

設備空轉指的是設備持續運作，卻沒有待加工品流動的狀態。這類的短暫停止很難發現，一般無法立刻察覺，發生原因是待加工品的供應不夠充分，目前通常是自動機器比較容易發生這類問題。

短暫停止的特徵

短暫停止具有下列幾項特徵：

①發生次數與時間無法正確掌握

作業人員若同時管理多台機器或多項製程，很難完整記錄下來。雖然有個方法是，看最後製造出來的數量與實質作業時間應該製造出來的數量差距，來推算出短暫停止的時間有多長，但是很難連次數也推算出來。另外有個方法是，在機器上設置自動計數器，就能計算停止的次數。

②狀況容易解決，因此很難防止問題再度發生

即使發生短期停止，通常作業人員只要稍加處理就能排除，讓生產線恢復正常，因此反而不容易找到防止同樣狀況再度發生的方法。

③發生部位不盡相同，演變成慢性問題

短暫停止的發生部位可能集中在某個地方，也可能斷斷續續發生在別的部位，不容易鎖定問題的真正原因。有時施以對策後，卻導致別的問題發生。因此處理短期停止的狀況時，要注意其中潛在的問題，針對可能發生短期停止的部位，一個一個仔細調查。

短暫停止的改善方法

短暫停止的改善步驟如左頁圖示，重點是要具備耐心及恆心，才能徹底排除。

重點複習

●短暫停止是推動自働化的大敵
●不可讓短暫停止成為常見現象

短暫停止是自働化的大敵

短暫停止是問題
的冰山一角
短暫停止
垃圾 污垢 傷痕 灰塵
腐蝕 震動 鬆弛 聲音 熱

通常會造成短暫停止的原因

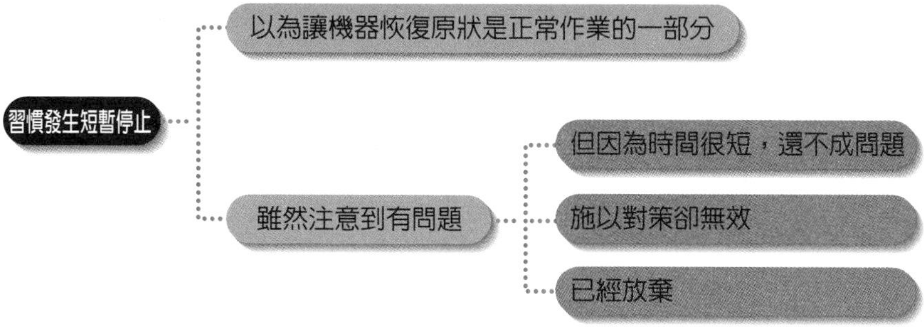
習慣發生短暫停止
以為讓機器恢復原狀是正常作業的一部分
雖然注意到有問題
但因為時間很短，還不成問題
施以對策卻無效
已經放棄

短暫停止的特徵

①很難正確掌握發生次數與發生時間
②處理很簡單，反而很難找出防止問題再度發生的方法
③慢性發作，慢慢蔓延到各個部位

改善短暫停止的方法

①以自己的眼睛確認現場的實際狀況
②徹底改善小缺陷
③遵守清潔、油料補給、上緊螺絲等基本事項
④正確執行換模的準備、更換、調整等作業
⑤重新審視設備的零件、組件的安裝條件，以及加工條件等，並訂定最佳條件

54 將人的工作與機器的工作分割開來

讓機器看守員失業

豐田生產方式一直不斷積極努力在做的一件事，就是讓人員從機器中抽離出來。

如果使用自動機器，開始加工作業以後，機器就會自動加工，而在機器旁邊的作業人員其實只是看著機器工作而已，如此根本連「監視」都稱不上，只能說是「閒視」。

以前的人會認為，即使只是看著機器工作，也是作業的一部分。但是「閒視作業」並不會產生任何附加價值，只是浪費時間而已，人員應該要離開機器才是。

舉例來說，在鑽床機器加工作業時，可以將人員抽離。在鑽床機器進行加工時，作業人員一直操作著操縱桿。操縱桿是用來控制是否讓刀具往下壓的。若在操縱桿上掛一個砝碼，利用砝碼的重量讓操縱桿往下降，如此機器加工時就不需要作業人員了。該作業人員就可以利用這段時間去做其他的工作，也就是人員的工作可以和機器的工作分割開來。

不過，砝碼有可能會讓操縱桿轉過頭，導致加工時把物品上的洞開得太深，因此還必須在固定的位置上加一個阻礙物，這就是「加了人字旁的自働化」。

這個想法首次具體化，是為了防止車床切削過度，原本的構造只是一個簡單的突起障礙物，讓刀刃切削到某個地方時就會停止，彷彿有人按下了停止鍵。

這個簡單卻很好用的構造成為將人員抽離機器時不可或缺的一部分，之後才發展成多機器管理及多製程管理。多製程管理時，一條生產線上會有好幾個作業人員，此時作業人員就能依據自己的能力互相幫忙，有如接力賽跑一樣。

重點複習

- 「閒視作業」不會產生附加價值
- 發展多機器管理、多製程管理的基本概念

龜（平準化生產）與兔（大量生產）

豐田生產方式中的「製造過度的浪費」，可以用龜兔賽跑的童話來比喻。

兔子指是努力趕工但是中途要休息的製造方法；烏龜則是從不休息，一步一步累積工作的成果。

以前都認為，製造工廠最有效率的製造方式，就是使用高性能的設備，連續不斷地進行生產。但是當製造商逐漸發覺製造過度的浪費反而會導致大量損失時，配合顧客需求而生產的製造方式，就慢慢成為主流。

因此，比起追求速度的兔子，從不休息、逐步前進的烏龜方式，所造成的浪費是比較少的。

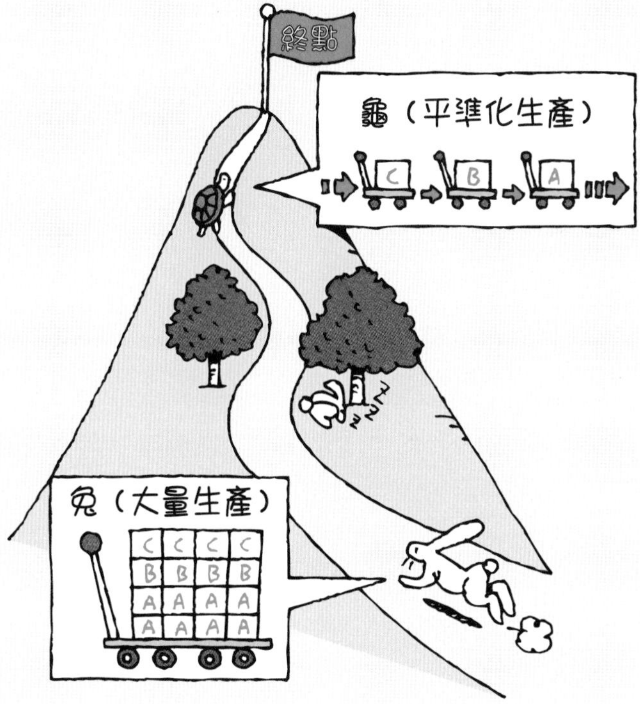

第7章
看板

55 豐田生產方式與看板方式

有如豐田生產方式的軟體和硬體

很多人以為「豐田生產方式」和「看板方式」是一樣的，其實並非如此。前者是物品的製造方式、流動方式，後者則是傳遞製造資訊的方式。

創造出看板方式的靈感，是從超市的銷售方式得來的。超市的顧客只會在有需要的時候購買所需要的物品，而且只購買需要的數量。從這一點衍伸出「Just in Time」生產的精神——配合市場的需求來製造。為達此目的，必須建立資訊傳遞系統。Just in Time的生產方式，就是指製造能銷售出去的物品，庫存的數量絕不超過必要數量以上，不會形成庫存的浪費。

一般的生產方式都是由前製程供應零件給後製程，看板方式卻是由後製程向前製程拿取（領取）零件，兩者完全是相反的想法。因為最後一個製程最清楚市場銷售的情況，如果讓「只製造銷售出去的物品」的生產方式依序推展到前製程，就能做到「領取方式」，即使沒有基本的製造計畫，也能掌握製造時期和數量。

但是，製造現場存在著許多妨礙Just in Time生產的因素。工廠是無時無刻不在改變的，尤其製造出不良品時，對交貨時間和製造數量都有影響，甚至會阻礙工廠整體的生產，造成巨大的損失。再加上現在的顧客除了要求品質和交貨時間，對價格更是挑剔，要讓常常變化的工廠做到Just in Time生產，必須時常注意工廠的情形，努力追求合理性，排除浪費、不均、不自然，這是非常要緊的。

要使工廠的浪費、不均、不自然的問題凸顯出來，作業標準化是不可或缺的。同時必須做到以目視來管理工廠作業是否遵守標準作業。

若想正確運用看板，除了必須具備某些前提條件（請參考第一三六頁），還必須養成徹底觀察工廠的態度。我們必須知道，看板是最容易讓人理解的目視化管理工具之一，若能將看板方式推展到供應商，甚至可以達到零庫存生產。

重點複習

- ●Just in Time的前提條件
- ●零庫存生產資訊的可視化

看板的功用

一般進行製程管理時，會使用下列三種表來達到最主要的管理功能。

①實物表…………用來說明「這個產品是什麼東西」
②生產指示表……用來指示「什麼東西必須在什麼時間製造多少數量」
③移動表…………用來指示「東西必須從哪裡搬到哪裡」

豐田生產方式所使用的「看板」，就是具備了上述三種表的功能，其他沒有什麼特別之處。也就是說：

●生產指示看板……實物表和生產指示表
●領取看板……實物表和移動表

不過，汽車的製造是屬於「重複性製造」，因此還具有下列特徵：

●看板會反覆使用
●透過對看板數量的限制，藉此限制流通數量，以防止產生製造過度的浪費，並將庫存降到最低限度

看板方式基本上只適用於「重複性製造」的工廠。

56 何謂「看板」

生產指示資訊可分為非公開資訊與確定資訊，看板的功用是傳遞確定資訊，就如實物表一樣，提供與實際物品相關的直接資訊。

看板大致可分為下列兩種：

①領取看板：顯示後製程向前製程領取的零件，其數量及種類。

•委外的物品也同樣包括在供應指示之內。

②生產指示看板：指定前製程應該生產的零件，其數量及種類。

•待加工品看板也稱為生產看板。

看板上面記載著品號、品名、容器、容納量、看板整理編號、使用機器種類、前製程名稱（記號）、後製程名稱（記號）等，如果是委外的物品，則前後製程的部分，會改成供應商名稱、供應商倉庫、架號或放置場所、供應週期、收貨工廠、收貨場所等。假設供應週期寫著「一．四．二」三個數字，那就表示這個零件一天供應四次，並且是在看板收取兩次之後供應。因此，只要看到看板，就可以知道什麼時候要生產多少物品，也就是說看板同時具有生產指示表、實物表及移動表的作用。

一般的看板是裝在塑膠袋內的卡片，大小約為A4的三分之一。其他還有用來指示分批生產的三角形「信號看板」，以及用來分配物料的「長方形看板」。

信號看板一般設置在堆置加工完成之零件收納箱的開工指示（開工點）箱上頭，後製程領取時，若前進到掛有該信號看板的箱子，該信號看板就會發出指示。

此外，還有一些應用在特殊場合的看板，如特急看板、臨時看板、通過看板、共用看板，有時台車或卡車也可以當作看板使用。這裡要強調的是，只要能發揮看板的作用就行，不需執著於看板的形狀或樣式。

重點複習

●看板的作用就是生產、實物、搬運指示表
●各種看板與使用方法
●功能最重要，不需執著於形狀樣式

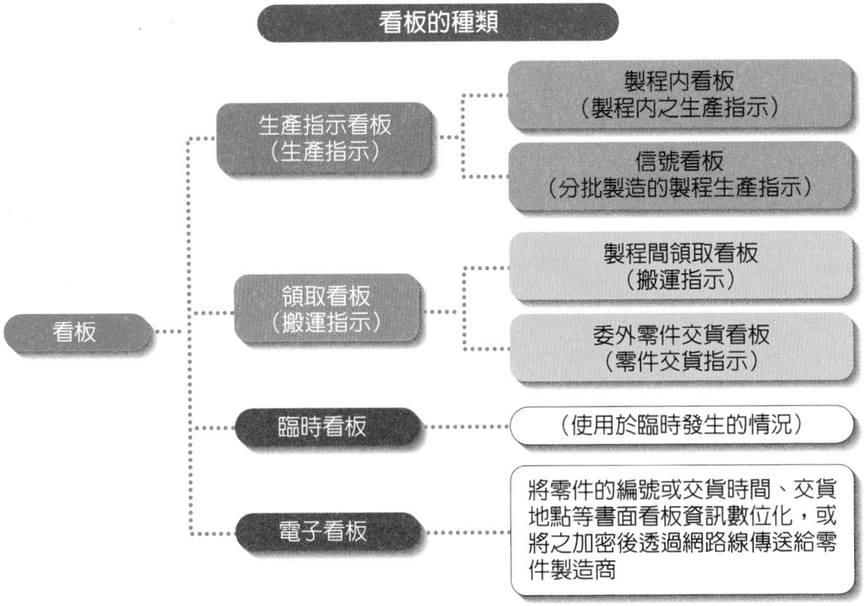
看板的種類
看板
生產指示看板
（生產指示）
製程内看板
（製程内之生產指示）
信號看板
（分批製造的製程生產指示）
領取看板
（搬運指示）
製程間領取看板
（搬運指示）
委外零件交貨看板
（零件交貨指示）
臨時看板
（使用於臨時發生的情況）
電子看板
將零件的編號或交貨時間、交貨地點等書面看板資訊數位化，或將之加密後透過網路線傳送給零件製造商

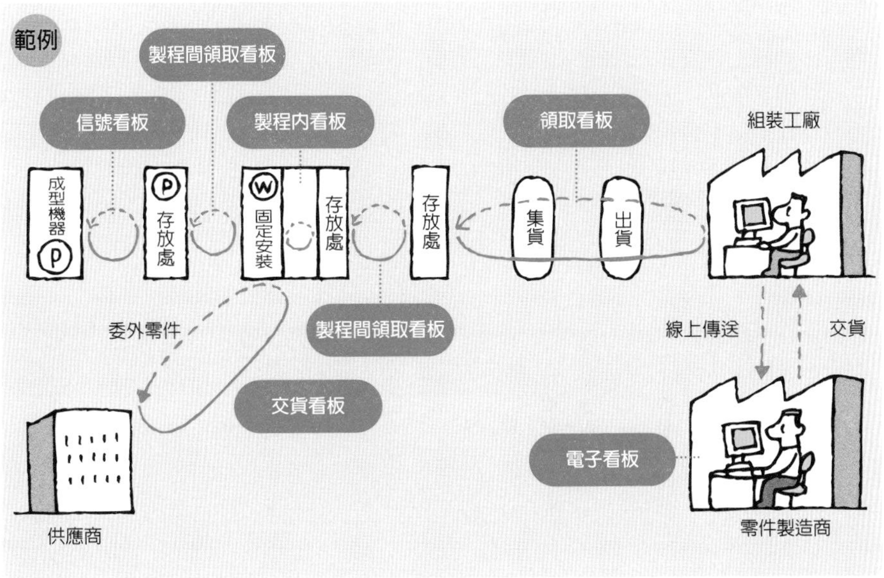
範例
製程間領取看板
信號看板
製程内看板
領取看板
組裝工廠
成型機器
P
P
存放處
W
固定安裝
存放處
存放處
集貨
出貨
委外零件
製程間領取看板
線上傳送
交貨
交貨看板
電子看板
供應商
零件製造商

57 看板的規則

規則是為了讓人遵守而訂定的，因此人應該遵守訂定出來的規則。如果不能確實遵守，常會引起軒然大波，發生嚴重的問題。

看板的實施必須具備下列三個前提要件：

①生產的平準化（種類與產量的平準化）。
②製程的配置（安定化與合理化）。
③標準作業的設定（作業順序與拍子時間）。

看板的使用則必須遵守下列規則：

(1)後製程領取

下列三個禁止事項最具代表性：

- 沒有看板就不能領取。
- 不可領取超過看板數量的東西。
- 看板必須附在實物上。

(2)僅生產被領取走的數量

為了使各製程的庫存降到最低，這點非常重要：

- 只生產和看板數量相同的份量。
- 按照看板指示的順序生產。

(3)不可送出不良品

- 若有不良品必須完全剔除

(4)看板總數量必須壓到最低

最後看板數量的決定權限在各製程監督者手上，只要施以改善，即可降低看板數量。

(5)必須使用在生產的微調整上

所謂「生產的微調整」，指的是當一時產量增減或異常、緊急狀況發生時所做的應變措施。如果幅度在上下一〇%之內，應不需變更看板的內容或數量，只要稍微調整看板循環的速度即可。若幅度超過一〇%，就必須發行臨時看板，或以增加看板總數量的方式來因應。不過，當狀況解除時，就必須立刻將臨時看板或新增的看板回收，恢復成原來的狀態。但如果是產量明顯增加等大幅度的變化，則必須重新審視工廠整體狀況，改變看板的內容或調整看板總數量。

重點複習

●具備看板的三個前提要件
●遵守看板的規則

看板運用的規則

①後製程領取的三個禁止事項
- 沒有看板就不能領取
- 不能領取超過看板張數的數量
- 看板必須附在實物上

②僅生產被領取走的數量
- 只生產和看板數量相同的份量
- 按照看板指示的順序生產

③不可送出不良品

④看板總數量必須壓到最低

⑤必須使用在生產的微調整上

看板範例

生產指示看板（製程內看板）

易懂插圖	本製程		前製程		
	鍍膜		加壓成型		
	產品編號	123456			
	產品名稱	支撐架			
容納量	5	顏色	4A	發行張數	1/7

領取看板（製程間）

從哪裡來（前製程）	放置處	容納量	到哪裡去（前製程）
		5	
		發行張數	
加壓成型	A6	1/7	鍍膜
	產品編號	123456	交貨地點
	產品名稱	支撐架	A工廠

領取看板（委外零件交貨）

交貨時間	交貨場所（放置處）	接收工廠

條　碼

加工廠商	產品編號	背號	品名箱種	容納量	接收場所

58 看板的進化：e看板（電子化看板）

透過網路，傳遞供應指示資訊

看板最初的形式就是裝在塑膠袋裡的卡片，在前後加工部門（或公司）之間不斷反覆使用。不過，如果組裝工廠位在偏遠地區甚至海外，若還是繼續採用由零件供應部門把看板拿下來、附在交貨品上的傳統做法，時間上可能會來不及，因此「e看板」應運而生。

e看板（e-kanban）又稱為「電子化看板」，是TOPPS（TOYOTA Parts Production System）使用的新看板運作方法。

依照新方法，看板資訊的流動變得不一樣。原本在組裝工廠內拆下來的看板，應該直接交給供應商。不過，使用新方法的話，只要透過網路通訊發送看板資訊，零件製造商接收到看板資訊（供應指示資訊）之後，在自己公司內把交貨用看板列印出來，再附在要交貨的實物上送到組裝工廠。就算不是相隔兩地，只要是能使用網路通訊的零件製造商，就能從一般的看板轉換成e看板。

另外，通常遠距交貨的零件製造商，都不是直接送到組裝工廠，而是送到附近的「集貨中心」，集貨中心再把其他零件製造商送來的東西一起送到組裝工廠。這種透過集貨中心的供應方式（Cross Dock）越來越普遍。

若是透過集貨中心交貨給組裝工廠，在組裝工廠拿下來的看板資訊（零件供應指示）會發送給集貨中心，集貨中心再把交貨看板列印出來，和原本附在交貨物品上的一般看板交換，才把要交貨的物品交給組裝工廠。換下來的一般看板，等集貨中心拿下來之後，由零件工廠回收，並且將收取到的看板附在實物上，交貨時一併交給集貨中心。

若是在海外，因為搬運所需的前置時間較長，通常都是直接在當地採購。

重點複習

- 縮短供應資訊的前置時間
- 防止看板的遺失或破損

e看板範例

電子看板包括「單據」、「看板」與「訊息條」，製造商在貨品出庫時收下單據，將看板和訊息條附在實物上再交貨。

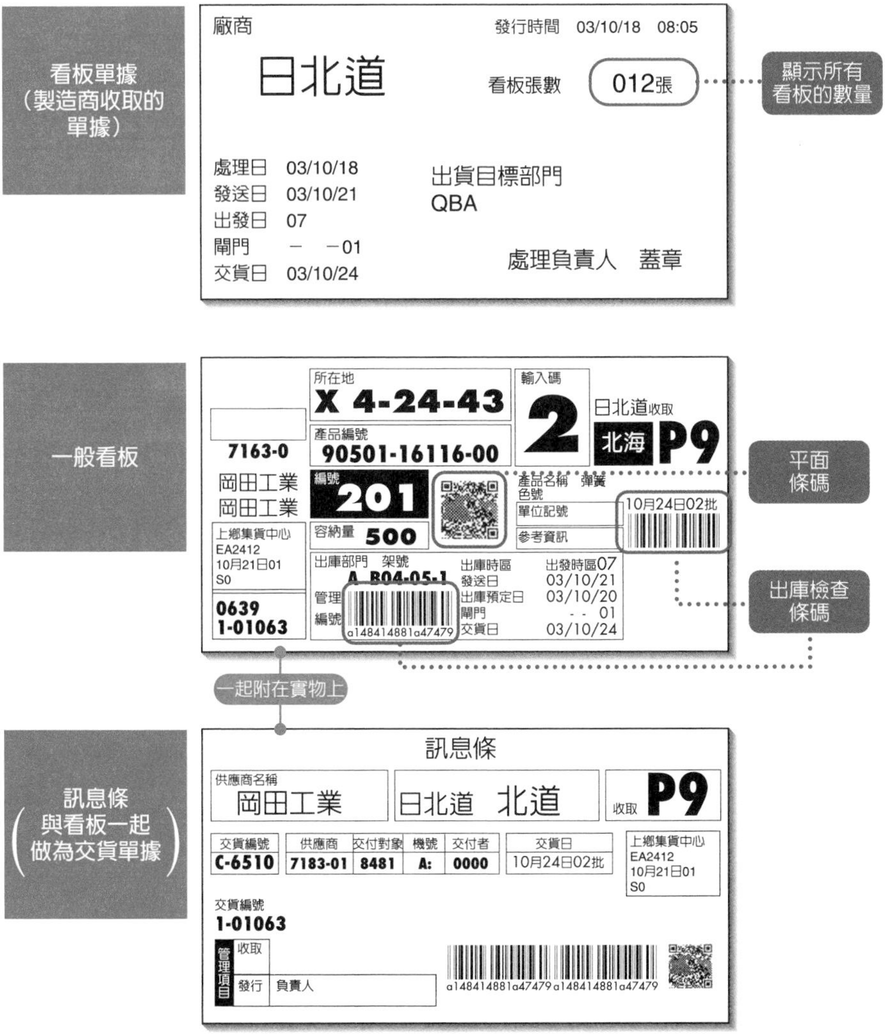

對「看板方式就是豐田生產方式」的誤解

似乎有人誤認「看板方式就是豐田生產方式」，其實並非如此。

豐田生產方式的基本是「Just in Time」，而看板方式則是實現「Just in Time」製造的根基。也就是說，豐田生產方式是製造的方式，看板方式則是為了達成Just in Time製造的必要手段。

豐田生產方式之中，資訊是從後製程往前製程流動的，零件也是由後製程向前製程領取的，因此物料和資訊是隨時同步化的。換句話說，從顧客而來的資訊永遠都會是製造的基礎。

採用看板方式的注意事項

❶製程必須穩定。不可有不良品過多或製造前置時間落差過大的情形。
❷流動量不可變化過大。
❸必須是動作重複的製程。
❹必須對收取資訊的一方（收取看板的一方）也有利（若只有單方面有利，不可能順利推動）。
❺不可任意變動前提條件。
❻取下看板後必須立刻重複使用（頻率至少每天一次）。
❼必須考量目標物品的物流量再設定。
❽數量變化若相當大，即使附有看板也必須確實提供事前資訊。

第8章

降低成本策略

59 生命週期成本管理

考量商品從開發、生產到使用、廢棄的生命成本

生命週期成本（Life Cycle Cost, LCC）指的是商品從開發到消費、廢棄的整個生命過程中的總費用。生命週期成本的思考方式如左頁圖1所示。

從圖中可知，橫軸代表時間，一般商品在開發→設計→生產準備→生產的階段中，所花的費用逐漸增加，直到銷售物流階段結束時才告一段落，之後的消費階段成本大致維持一定，不久後成本開始上升，也就代表商品更新的時間到了，這個商品的生命週期就此結束。如此，在一個商品生命週期所消耗的總費用，就是成本曲線圍起來的面積。

生命週期成本管理，是一種管理方式，主要目的是讓商品及其設備在使用期間內維持成本，並持續改善。其目標不僅是總成本（製造成本的十一種管理費、銷售費），還包括企業集團的成本（如通路、銷售、工程、維修、服務）及消費者使用、維修、廢棄的成本，甚至連一般大衆及社會所負擔的成本（如廢棄及環境保護等成本）也必須加以考量。是否能確實管理上述這些成本，也是能否在激烈的競爭中獲勝的關鍵。

圖2顯示的則是品質、成本、交貨期、服務與生命週期成本的關係。

想要降低成本，必須從商品的整個生命週期來看（減少生命週期成本）。具備二氧化碳減量等環保意識的製造，基本上是與成本降低相斥的。汽車和家電等消費財、機器設備等生產財的減量與回收，現在已是製造商的義務之一。

據稱工廠的出貨價格，大約只占終端零售價格的三五%~四〇%，而消費者花在消費、維修上面的成本可能是幾十倍甚至幾百倍。只有物流、銷售、消費、服務等所有的相關人員都能了解到這個事實，並通力合作，才能確實降低整體的成本。

重點複習

- 生命週期成本是商品從開發到廢棄的整個生命過程中的總費用
- 商品銷售給消費者後的使用成本也應設法削減

生命週期成本（圖1）

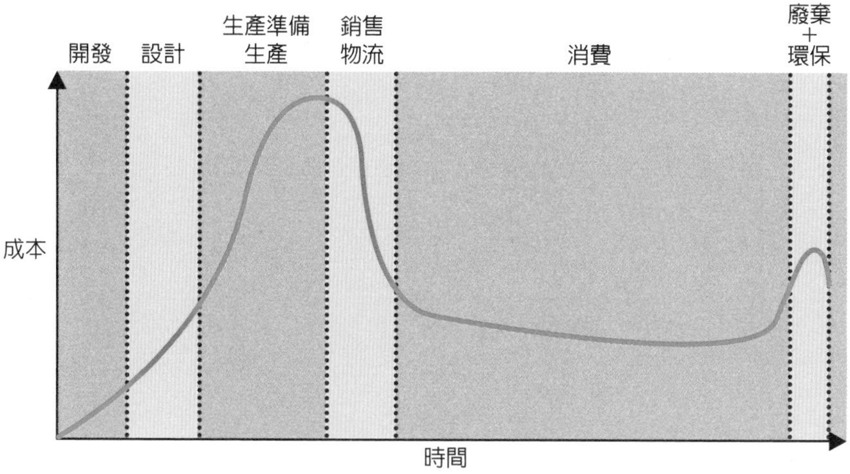

Q・C・D與生命週期成本（圖2）

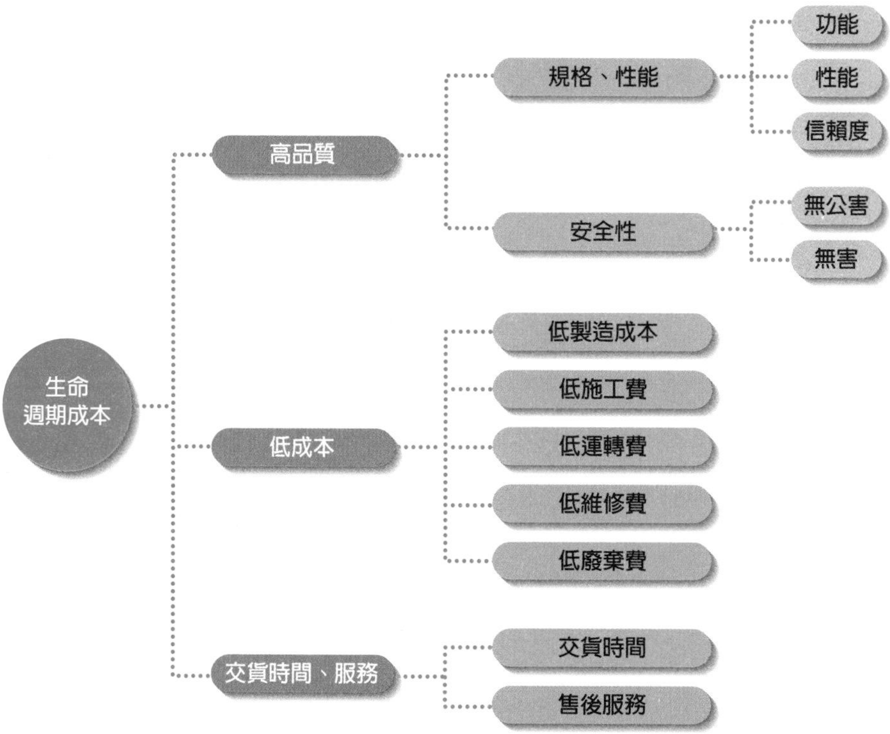

60 降低成本是為了顧客

降低生產成本，創造利潤

商品創造出來剛投入市場的那段時間，因為競爭對手少，可以說是獨占市場。會在這時候購買的消費者，絕大多數都具有嚐鮮的心理，甚至帶點炫耀的成分，因此這時候商品的價格不會是影響消費者決定購買的重要因素。不過，在商品上市一段時間後，為了讓更多人願意掏錢出來購買，勢必得設定一個合理的售價。

成本降低的商品，其售價自然也隨之下降，就如左頁圖1所示的循環。之後由於同業的加入，彼此間的價格競爭越加激烈，此時要降低成本，就必須針對每個環節的成本，做出具體的改善。

一般製造商要降低成本，最先想到的就是如何買到更便宜的原料，或是希望委外的廠商能降低價格，但是如此降低成本卻是犧牲供應商的利潤所換來的，並不是一種很好的方法。

圖2則顯示單純要求供應商降低價格，以及自己本身努力改善，這兩種降低成本方式的不同。改善是去除製造成本中的多餘部分，也就是浪費，藉此降低售價。

降低成本的目的在於「以顧客能接受的價格，在顧客希望的時間，提供品質能被顧客認可的產品」。因此必須付出相當的努力，才能讓供應商也獲得充分的利潤。

圖3顯示的則是眾人一起努力降低原價的方法，以及負責部門。

影響成本最大的因素有兩個，一個是產品規格的決定，一個是如何以低廉的價格、在剛好的時間穩定供應原料，這兩項的負責部門就是開發部門與採購部門。另一個與製造直接相關的就是，現場工作人員如何剔除浪費、防止不良品再度發生等。即使在計畫階段順利達成目標成本，到了量產階段時若不遵守標準作業規定，一樣有可能使成本上升，這點要注意。

重點複習

- 成本的條件——以顧客所希望的品質與時間，提供價格合理的產品
- 與協力公司攜手合作，一起達成目標

成本循環迴圈（圖1）

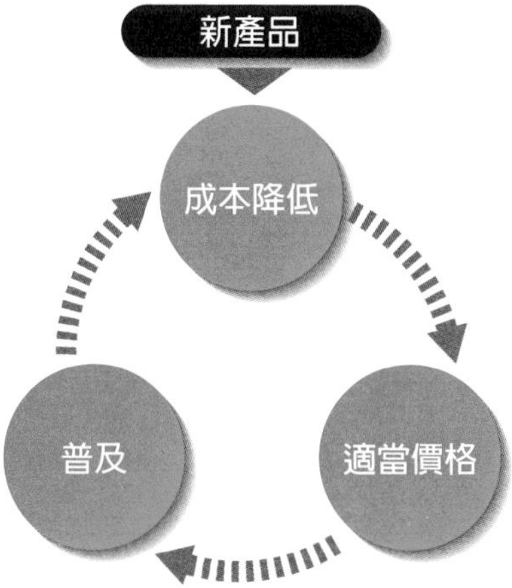

降價與改善的成本削減比較（圖2）

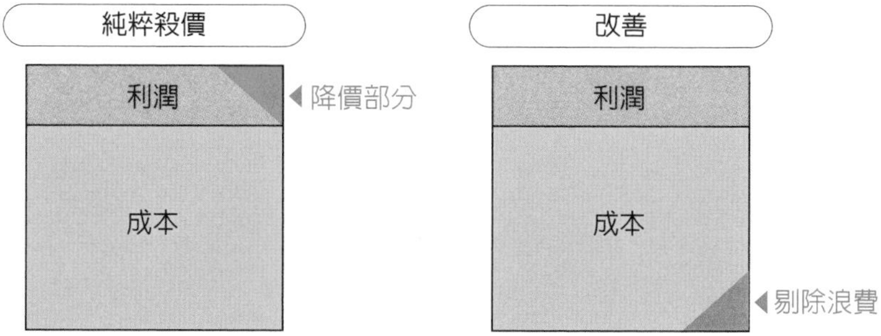

削減成本的方法及其負責部門（圖3）

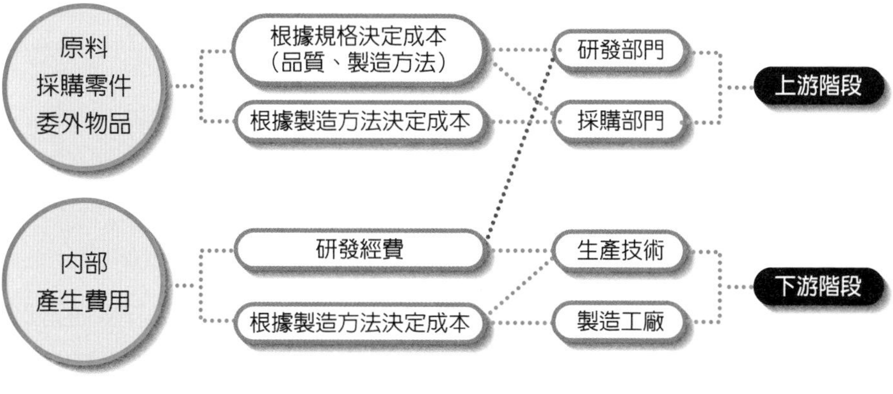

61 挑戰五○%成本的目標

降低一半成本的基本仍是「配合市場需求製造」

挑戰五○%成本，就是將成本降到原來的二分之一，也就是一半。

原本降低成本的目的是「以顧客能接受的價格，在顧客希望的時間，提供品質能被顧客認可的產品，同時企業也可獲得充分的利潤」。

要達成削減二分之一成本的目標，只憑一般程度的努力是很困難的，必須要重新評估製造方法才有可能。幾乎所有人都不會認為現在的製造方法有什麼問題，也都覺得目前習慣的方法就已經很好了。不過，實施豐田生產方式的企業，不但會替自己找尋努力標竿，並且持續努力，朝向「機會損失（浪費）較少的理想製造方式」前進。

要達到成本二分之一，首先必須了解「市場是一切的主宰者」，且「配合市場需求製造」為其基本。無視於市場需求、只憑自己的預測去生產，一定又會製造出許多庫存，加上要趕交貨時間，可說是浪費加上浪費。

此外，還要確實維修較舊的機器設備，讓機器設備維持一○○%的可動率，才能保有賺錢的實力。

在環保意識高漲的今日，不能只是去除製造階段的浪費就行了。從商品開發階段開始，就要考量到拆解的方便，以及回收或焚燒該如何處理，才能讓資源回收更容易。

剛開始推動挑戰五○%成本時，不要一下子就以整個工廠為標的，而是先避開生命週期較短的商品，決定幾項較具緊急性的、ＡＢＣ分析結果為重點目標的產品，以及示範生產線、示範產品，並將焦點放在這些項目上。此外，不可以藉由壓迫協力公司來達到目標，而是要和協力公司合作，一同腦力激盪、解決難題。

重點複習

- ●徹底重新評估製造方法
- ●不壓縮協力公司的利潤，而是攜手合作

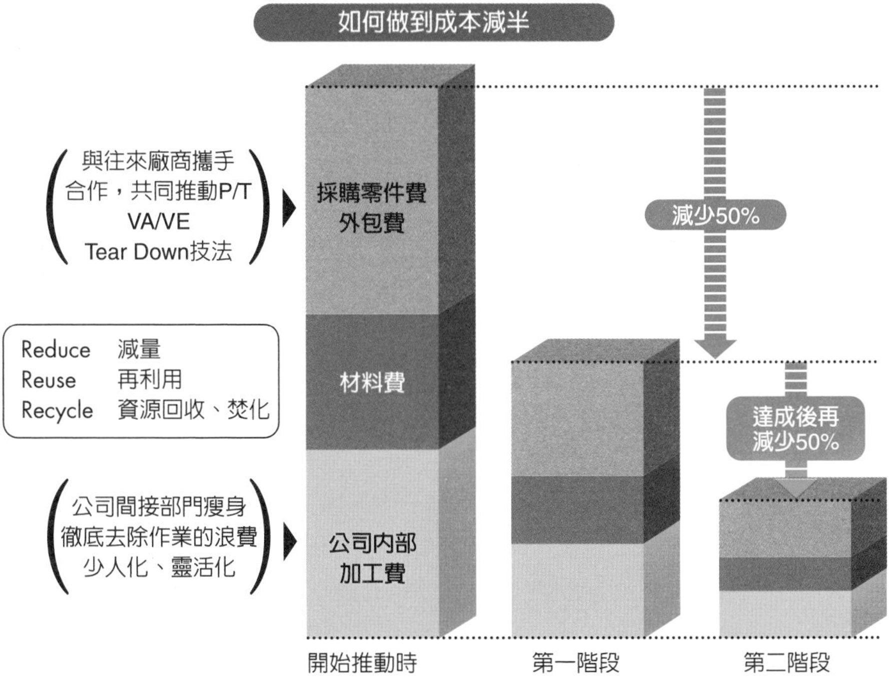
如何做到成本減半
與往來廠商攜手
合作，共同推動P/T
VA/VE
Tear Down技法
採購零件費
外包費
減少50%
Reduce 減量
Reuse 再利用
Recycle 資源回收、焚化
材料費
達成後再
減少50%
公司間接部門瘦身
徹底去除作業的浪費
少人化、靈活化
公司內部
加工費
開始推動時
第一階段
第二階段

Reduce Reuse
Recycle
COST
協力公司

62 削減間接部門成本，提升生產效率

白領的生產效率到底如何？

提到降低成本或提升生產效率，第一個被提出來檢討的一定是直接部門。但是如果無視於日漸臃腫的間接部門，只會命令直接部門提升生產效率，或是從中國大陸等地買來更廉價的物料，整體的生產效率還是很難上升。

許多企業都不敢碰觸間接部門改革這一塊，或者是雷聲大雨點小，做到一半就不了了之。如果以前都沒想到改革間接部門，今後不應該繼續忽視下去，應該要徹底改善，精簡人數。

改革的重點是：①改革工作人員的意識、②間接部門瘦身、③讓間接部門也能創造獲利。

具體的方法則可從以下幾點來思考。

①目前所做的工作是否可用一半的人數來達成。

②是否可用一半的時間來達成。

③我為什麼做這份工作。

④我是否讓資料變成「死料」。

在評量工作成效方面，可以製作一張評量表，將各部門必須具備的技能列舉出來，以評量每個人擁有的技能程度。左頁的表1是以採購部門為例，從這張表就可以掌握每個員工的能力。

要讓長滿贅肉的間接部門做到「少人化、靈活化」，首先必須調走人員，而且要從優秀的人才開始。被調走的人當然會有所不滿，不過只要領導者有強大的領導能力及改革意願，剩下的員工就會一起想辦法度過難關。表2顯示的是間接部門的問題點與解決方向。

現在是重視結果勝於過程的時代，因此許多人為了達成上面要求的工作目標，不得不「自願免費加班」，這實在不是個可喜的現象。應該要審視自己現在的工作是否真的是必要的核心業務，如果是不必要的業務就應該委外，也可以改用派遣員工來負責。

重點複習

- ●間接部門的作業有如黑箱
- ●推動間接部門的「少人化、靈活化」

採購部門員工能力表（表1）

姓名＼項目	採購物品的相關技術知識	價格預估與評量	經營知識	開拓供應商	指導及培養外包	因應採購需求	選擇供應商	比價	交涉協調	業務發包	管理交貨時間	CR計畫
○○○○○	●	●	●	●	◔	●	●	●	●	●	●	◕
△△△△△	◕	◑	◑	◑	○	◕	◕	●	◑	◑	●	○
×××××	◑	◑	◑	◑	○	◑	◕	◕	◑	◔	●	○
□□□□□	●	◔	●	●	○	○	○	○	○	○	○	●

間接部門之問題點及其因應方式（表2）

問題點	因應方式
沒有意識到自己所做的工作中可能是浪費	改革間接部門的意識是企業主管的工作，必須讓員工了解到，工作是為了顧客
做了多餘的工作，而且在不知不覺中成為正常作業的一部分	試著調走優秀的人才（人數若少，做法也會改變）
無法給予不同職務公正的評量	進行職務分析與職務標準化，製作規範手冊
每個人的工作都不相同，工作量也不一樣	進行員工多能工化，讓員工互助合作
總是先做比較容易的日常工作，把策略規畫的工作排到後面	上司必須掌握工作內容，指導屬下考慮工作的優先順序，加以指導並持續關心

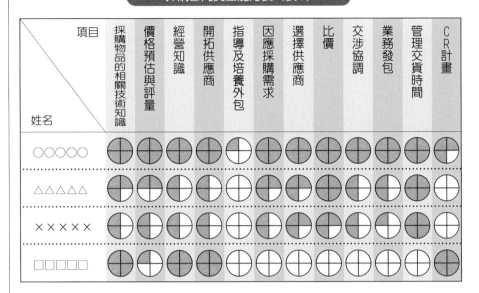

63 提升物流、銷售部門的生產力

以豐田銷售物流方式（TSL）提升業務效率

一般的物流系統，都是由企業各部門分別設法摸索出最好與最有效率的方式。例如業務部門是以營收來決定表現的好壞，為了避免錯失業務機會，他們會希望商品的庫存數量就是營收目標的數字，而不是可能賣得掉的數字。製造部門則為了壓低製造成本，總是努力思考如何使製造更有效率，結果常常導致庫存過多。另外還有零件供應商，為了及時交貨，總是會搶先製造好一些零件放著，最後也因為庫存過多而傷腦筋。

供應鏈管理（Supply Chain Management，SCM）是一種生產管理方法，收集商品從整個製造環節（從原料的製造加工）到物流倉庫、零售商至消費者手中的所有相關資訊，再找出瓶頸（阻礙整體流暢度的限制條件）並加以改善。

SCM的目標是：①減少庫存；②消除缺貨情形，及時送達商品至消費者手上。

豐田生產方式的物流基本概念則是：

①物流是連結製造與消費的重要環節。
②物流不是物「留」。
③製程內的物流是不會產生附加價值的工作。

從物流到銷售的過程中，必須注意如何提升勞動的生產效率、如何縮短前置時間、如何靈活用人。比如說，業務部門可以推動豐田式的「可視化」，設置業務管理板，將業務人員預定要拜訪的客戶卡片排出來，沒成功簽約的客戶是紫色，還沒拜訪的客戶是紅色，利用這樣的顏色分類提醒員工責任的所在，並清楚明列原因，激發個人的自覺，必可提升業績。

豐田在物流及銷售系統也都導入了豐田生產方式，稱為豐田銷售物流方式（TSL），其目標是縮短前置時間、大幅減少庫存、促進業務與車檢效率提升等。

重點複習

- 供應鏈管理的效率化
- 業務及客服應做到效率化、少人化、靈活化

零售商的改善措施

改善

- 與製造一樣，都以TPS為基礎
- ❶ 要獲利就盡量一切自己來（自己製造、自己修理）
- ❷ 首要之務是「改善生產架構與作業方式」，如建立完整的修理、維修、車輛檢驗系統等
- ❸ 讓改善能在工廠內推動起來

64 永無止境地削減總成本

全體參與的TCR

每天持續改善以降低成本，這在豐田集團來說是理所當然的事情。假設某個商品的單價是一〇〇〇元，而該商品的開發時間約需一至兩年，等到商品量產上市時，價格可能必須在單價的一半以下，否則將不具市場競爭力。要具備強大的競爭力，必須付出極大努力以求降低成本。委外雖然能減少一些費用，可是若將全部都交給他人，就很難發現需要改善的地方，無法實踐豐田式IE。

豐田把「基準成本」做為挑戰目標。

基準成本指的是，以科學的統計方法預測並計算出消費者及消費價格的預定成本，以及根據基準製造量推算出可達成的成本。左頁圖1即是基準成本的變化圖。

針對某個目標零件，假設本公司的成本是一千元，競爭對手是七百元，那就把基準成本設定成七百元。原料估價也是以七百元來算，差額三百元就必須以某種原因的「浪費使用」填入損益平衡表內。

利用這樣的方式，看見自己與競爭對手的差異，分析自己不如人之處並找出問題，如此每天不斷地改善。

努力改善的結果，浪費使用的部分會減少，最後達到基準成本。達到基準成本後，下次的目標就要訂在少二〇%～三〇%這樣嚴苛的數字，再度展開永無止境的改善。

推出新型產品時，完成品製造商的領導階層必須發揮卓越的統御能力，集合開發、採購、製造技術部門與零組件廠商，共同商量如何努力達成基準成本的目標。

圖2舉出著手開發新產品時的一些TCR（Total Cost Reduction）活動範例。

重點複習

- ●將基準成本做為努力標竿
- ●在別人給予的條件之下絞盡腦汁想辦法

基準成本的變化（圖1）

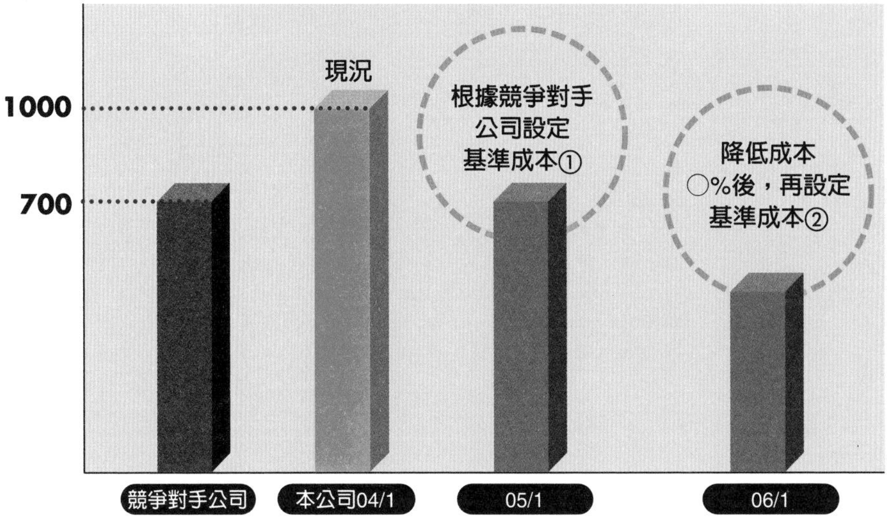

新產品上市時的TCR活動（圖2）

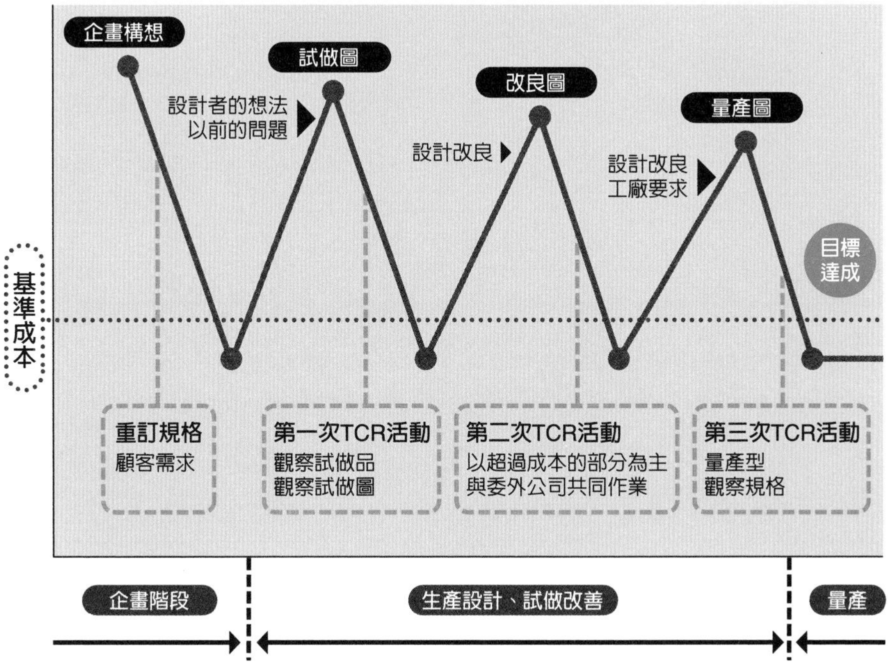

65 WARP 豐田的全球採購系統

目標全球第一的電子採購系統

WARP是Worldwide Automotive Real-time Purchasing System的縮寫，這是豐田集團為達成建立全球最佳採購系統的目標，將豐田集團整體的採購相關業務IT化，所串連而成的資訊系統。

以前採購系統是獨立運作的。不過，IT化之後的系統把生產的上游到下游，所有的採購相關業務資訊都在保持機密的原則下一貫化，讓業務效率提升，並使全集團都能共享價格等零件資訊。

因此，豐田不但達成躍上全球開放市場的目標，並且讓新成本企畫、技術資訊（出圖、零件表）、試做分配、供應資訊（非公開資訊、看板）、補充零件系統都成功一貫化。

要使用這個系統，必須建立數量龐大的零件資料庫。據稱系統重新架構所需費用，試算的結果竟高達兩千億日圓（約五五〇億台幣）以上。但是這個零件資料庫，可以讓人馬上知道零件編號、零件規格、價格、製造商、使用部門等資訊，而集團內所有部門，也就是從上游的設計部門到下游的售後服務部門都可使用，且模組單位及單一零件製造商也能利用。

WARP的目標是，藉由全球採購業務的一貫化，成為全球最佳採購系統，且進一步推展到結盟企業，創造全球最頂尖的供應系統。全球汽車產業目前正面臨一些新挑戰，如範圍廣及全世界的遠距離運輸、在國外設立生產據點等等，豐田希望加上自家的看板方式小批製造、多次供應等方法，來因應這些問題。

此外，日本的汽車業界目前已經共同制定並推動汽車業界標準網路JNX（Japanese automotive Network eXchange），WARP也已加入這個資訊體系。從實體的網路架構來看，透過安全系統，有三種方式可存取JNX的資訊。

重點複習

- 進軍全球開放市場
- 將採購系統推展到結盟企業

以TPS為基礎，降低生命週期成本

豐田一向把「接單後生產」奉為圭臬，不過仍舊採取「客製化製造」（銷售後才製造）與「產品製造」（製造預估產量）雙向並行的方式，因為豐田旗下Corolla等系列車款十分暢銷，必須先製造出可能銷售出去的數量，否則將來不及交貨。

只要是製造商，當然應該努力尋求最好的製造方式，以降低產品本身的成本。企業的工作從接到顧客訂單的那一刻開始，一直到製造、及時送交顧客手上、收取貨款，整個工作才終於完結。有時再怎麼努力提升開發、生產準備、製造、工廠出貨的效率，或是再怎麼試圖降低成本，獲得的利潤還是有限。

因此必須結合物流、銷售、客服等部門甚至零售商，大家共同攜手合作降低成本，此時就必須以能改善工廠的TPS為基礎，結合TDS、TMS，三位一體努力降低生命週期成本。

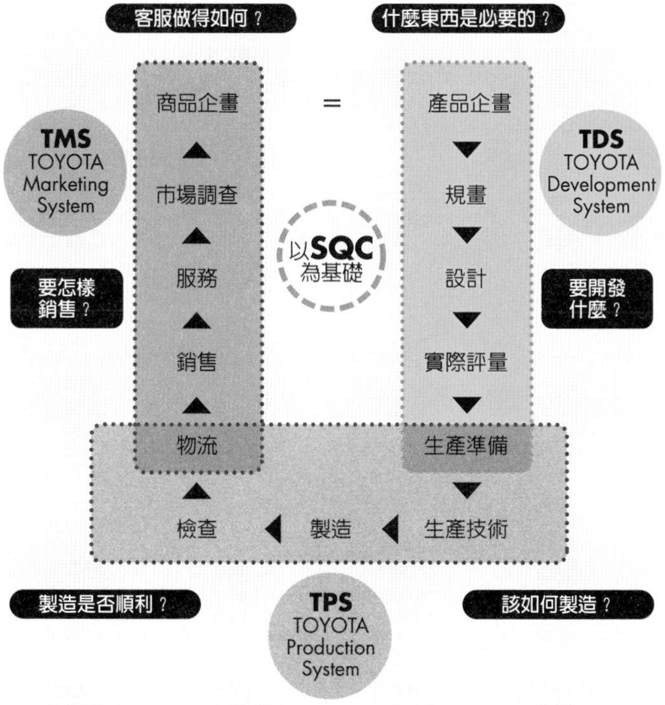

【参考文献】

《トヨタ生産方式》，大野耐一，ダイヤモンド社，１９７８年
《トヨタの現場管理》，門田安弘，日本能率協会，１９８６年
《これが『新』トヨタ生産システムだ！》，工場管理，第40巻第11号，日刊工業新聞社
《トヨタ生産方式特集号》，生産管理，第12巻２号，日本生産管理学会
《生産管理　理論と実践（11）トヨタ生産方式》，日本生産管理学会，日刊工業新聞社，１９９６年
《トヨタ生産方式を理解するためのキーワード集》，トヨタ生産方式を考える会，日刊工業新聞社，２００１年
《生産管理　理論と実践（1）生産管理総論》，塹江清志、澤田善次郎，日刊工業新聞社，１９９５年
《目で見てわかるトヨタの大常識》，星川博樹，日刊工業新聞社，２００２年
《ものづくりトヨタのＩＴイノベーション》，黒岩恵，ホームページ
《続・目で見て進める工場管理》，澤田善次郎，日刊工業新聞社，１９９４年
《決定版　現場長のための『……べからず』集》，実践経営研究会，日刊工業新聞社，１９９９年
《トヨタ生産方式で原価低減を推進するためのキーワード集》，工場管理，第50巻第2号，日刊工業新聞社
《オールトヨタの『少エネ』マニュアル》，全豊田エネルギー部会，省エネルギーセンター，１９９７年
《コストダウンＡ to Ｚ》，岡田貞夫，ＪＰＮ，１９９２年
《絵で読む即戦購買力》，岡田貞夫，実践経営研究会，２００１年
《絵を見て進めるコストダウン》，岡田貞夫，日刊工業新聞社，１９９８年

索引 按筆劃排列

〔中文〕	〔日文〕	〔頁碼〕

〔中文〕 〔日文〕 〔頁碼〕

●作者一覽表

實踐經營研究會代表
澤田善次郎（Sawada Zenjirou）
椙山女學園大學教授
經濟學博士、技術士（經營工學）、中小企業診斷士

豐田生產方式研究會
岡田貞夫（Okada Sadao）
〔第一章1～8、第六章、第八章、小論壇〕
岡田技術經營顧問
技術士（機械）、中小企業診斷士

加藤允可（Katou Masayori）
〔第一章9～13、第三章、第七章〕
技術士（經營工學）

河內宣孝（Kawachi Nobutaka）
〔第五章後半〕
河內宣孝技術經營事務所
中小企業診斷士、ISO9001／14001主任審查員

藤井春雄（Fujii Haruo）
〔第四章、第五章前半〕
(株)經營技術研究所 代表
中小企業診斷士、ISO9001／14001、HACCP審查員

三浦恭治（Miura Kyouji）
〔第五章中〕
(株)經營技術研究所
中小企業診斷士、社會保險勞務士

森安賢治（Moriyasu Kenji）
〔第二章〕
中小企業診斷士、行政書士

トヨタ生產方式を考える 会事務局
(株)經營技術研究所
地址：〒464-0075 名古屋市千種區內山3-28KS千種303
電話：052-744-0697　傳真：052-744-0698
Email: keieigijyutu@mva.biglobe.ne.jp
okada-tec@kurashiki.co.jp

經濟新潮社 〈經營管理系列〉

書號	書名	作者	定價
QB1008	**殺手級品牌戰略**：高科技公司如何克敵致勝	保羅・泰柏勒、李國彰	280
QB1015X	**六標準差設計**：打造完美的產品與流程	舒伯・喬賀瑞	360
QB1016X	**我懂了！六標準差設計**：產品和流程一次OK！	舒伯・喬賀瑞	260
QB1021X	**最後期限**：專案管理101個成功法則	湯姆・狄馬克	360
QB1023	**人月神話**：軟體專案管理之道	Frederick P. Brooks, Jr.	480
QB1024X	**精實革命**：消除浪費、創造獲利的有效方法（十週年紀念版）	詹姆斯・沃馬克、丹尼爾・瓊斯	550
QB1026X	**與熊共舞：軟體專案的風險管理（經典紀念版）**	湯姆・狄馬克、提摩西・李斯特	480
QB1027X	**顧問成功的祕密（10週年智慧紀念版）**：有效建議、促成改變的工作智慧	傑拉爾德・溫伯格	400
QB1028X	**豐田智慧**：充分發揮人的力量（經典暢銷版）	若松義人、近藤哲夫	340
QB1042	**溫伯格的軟體管理學**：系統化思考（第1卷）	傑拉爾德・溫伯格	650
QB1044	**邏輯思考的技術**：寫作、簡報、解決問題的有效方法（經典紀念版）	照屋華子、岡田惠子	360
QB1045	**豐田成功學**：從工作中培育一流人才！	若松義人	300
QB1051X	**從需求到設計**：如何設計出客戶想要的產品（十週年紀念版）	唐納德・高斯、傑拉爾德・溫伯格	580
QB1052C	**金字塔原理**：思考、寫作、解決問題的邏輯方法	芭芭拉・明托	480
QB1055X	**感動力**	平野秀典	250
QB1058	**溫伯格的軟體管理學**：第一級評量（第2卷）	傑拉爾德・溫伯格	800
QB1059C	**金字塔原理Ⅱ**：培養思考、寫作能力之自主訓練寶典	芭芭拉・明托	450
QB1062X	**發現問題的思考術**	齋藤嘉則	450
QB1063	**溫伯格的軟體管理學**：關照全局的管理作為（第3卷）	傑拉爾德・溫伯格	650
QB1069X	**領導者，該想什麼？**：運用MOI（動機、組織、創新），成為真正解決問題的領導者	傑拉爾德・溫伯格	450
QB1070X	**你想通了嗎？**：解決問題之前，你該思考的6件事	唐納德・高斯、傑拉爾德・溫伯格	320
QB1071X	**假說思考**：培養邊做邊學的能力，讓你迅速解決問題	內田和成	360
QB1075X	**學會圖解的第一本書**：整理思緒、解決問題的20堂課	久恆啟一	360
QB1076X	**策略思考**：建立自我獨特的insight，讓你發現前所未見的策略模式	御立尚資	360

書　號	書　　名	作　　者	定價
QB1080	**從負責到當責**：我還能做些什麼，把事情做對、做好？	羅傑・康納斯、湯姆・史密斯	380
QB1082X	**論點思考**：找到問題的源頭，才能解決正確的問題	內田和成	360
QB1089	**做生意，要快狠準**：讓你秒殺成交的完美提案	馬克・喬那	280
QB1091	**溫伯格的軟體管理學**：擁抱變革（第4卷）	傑拉爾德・溫伯格	980
QB1092	**改造會議的技術**	宇井克己	280
QB1093	**放膽做決策**：一個經理人1000天的策略物語	三枝匡	350
QB1094	**開放式領導**：分享、參與、互動——從辦公室到塗鴉牆，善用社群的新思維	李夏琳	380
QB1095X	**華頓商學院的高效談判學**（經典紀念版）：讓你成為最好的談判者！	理查・謝爾	430
QB1098	**CURATION策展的時代**：「串聯」的資訊革命已經開始！	佐佐木俊尚	330
QB1100X	**Facilitation引導學**：有效提問、促進溝通、形成共識的關鍵能力	堀公俊	370
QB1101	**體驗經濟時代**（10週年修訂版）：人們正在追尋更多意義，更多感受	約瑟夫・派恩、詹姆斯・吉爾摩	420
QB1102X	**最極致的服務最賺錢**：麗池卡登、寶格麗、迪士尼都知道，服務要有人情味，讓顧客有回家的感覺	李奧納多・英格雷利、麥卡・所羅門	350
QB1107	**當責，從停止抱怨開始**：克服被害者心態，才能交出成果、達成目標！	羅傑・康納斯、湯瑪斯・史密斯、克雷格・希克曼	380
QB1108X	**增強你的意志力**：教你實現目標、抗拒誘惑的成功心理學	羅伊・鮑梅斯特、約翰・堤爾尼	380
QB1109	**Big Data大數據的獲利模式**：圖解・案例・策略・實戰	城田真琴	360
QB1110X	**華頓商學院教你看懂財報，做出正確決策**	理查・蘭柏特	360
QB1111C	**V型復甦的經營**：只用二年，徹底改造一家公司！	三枝匡	500
QB1112X	**如何衡量萬事萬物**（經典紀念版）：做好量化決策、分析的有效方法	道格拉斯・哈伯德	500
QB1114X	**永不放棄**：我如何打造麥當勞王國（經典紀念版）	雷・克洛克、羅伯特・安德森	380
QB1117X	**改變世界的九大演算法**：讓今日電腦無所不能的最強概念（暢銷經典版）	約翰・麥考米克	380

經濟新潮社　〈經營管理系列〉

書　號	書　　名	作　　者	定價
QB1120X	**Peopleware：**腦力密集產業的人才管理之道（經典紀念版）	湯姆・狄馬克、提摩西・李斯特	460
QB1121	**創意，從無到有**（中英對照×創意插圖）	楊傑美	280
QB1123	**從自己做起，我就是力量：**善用「當責」新哲學，重新定義你的生活態度	羅傑・康納斯、湯姆・史密斯	280
QB1124	**人工智慧的未來：**揭露人類思維的奧祕	雷・庫茲威爾	500
QB1125	**超高齡社會的消費行為學：**掌握中高齡族群心理，洞察銀髮市場新趨勢	村田裕之	360
QB1126X	**【戴明管理經典】轉危為安：**管理十四要點的實踐（修訂版）	愛德華・戴明	750
QB1127	**【戴明管理經典】新經濟學：**產、官、學一體適用，回歸人性的經營哲學	愛德華・戴明	450
QB1129	**系統思考：**克服盲點、面對複雜性、見樹又見林的整體思考	唐內拉・梅多斯	450
QB1132	**本田宗一郎自傳：**奔馳的夢想，我的夢想	本田宗一郎	350
QB1133	**BCG頂尖人才培育術：**外商顧問公司讓人才發揮潛力、持續成長的祕密	木村亮示、木山聰	360
QB1134	**馬自達Mazda技術魂：**駕馭的感動，奔馳的祕密	宮本喜一	380
QB1135	**僕人的領導思維：**建立關係、堅持理念、與人性關懷的藝術	麥克斯・帝普雷	300
QB1136	**建立當責文化：**從思考、行動到成果，激發員工主動改變的領導流程	羅傑・康納斯、湯姆・史密斯	380
QB1137	**黑天鵝經營學：**顛覆常識，破解商業世界的異常成功個案	井上達彥	420
QB1138	**超好賣的文案銷售術：**洞悉消費心理，業務行銷、社群小編、網路寫手必備的銷售寫作指南	安迪・麥斯蘭	320
QB1139X	**我懂了！專案管理**（暢銷紀念版）	約瑟夫・希格尼	400
QB1140	**策略選擇：**掌握解決問題的過程，面對複雜多變的挑戰	馬丁・瑞夫斯、納特・漢拿斯、詹美賈亞・辛哈	480
QB1141X	**說話的本質：**好好傾聽、用心說話，話術只是技巧，內涵才能打動人	堀紘一	340
QB1143	**比賽，從心開始：**如何建立自信、發揮潛力，學習任何技能的經典方法	提摩西・高威	330
QB1144	**智慧工廠：**迎戰資訊科技變革，工廠管理的轉型策略	清威人	420

經濟新潮社 〈經營管理系列〉

書號	書名	作者	定價
QB1145	**你的大腦決定你是誰：**從腦科學、行為經濟學、心理學，了解影響與說服他人的關鍵因素	塔莉・沙羅特	380
QB1146	**如何成為有錢人：**富裕人生的心靈智慧	和田裕美	320
QB1147	**用數字做決策的思考術：**從選擇伴侶到解讀財報，會跑Excel，也要學會用數據分析做更好的決定	GLOBIS商學院著、鈴木健一執筆	450
QB1148	**向上管理・向下管理：**埋頭苦幹沒人理，出人頭地有策略，承上啟下、左右逢源的職場聖典	蘿貝塔・勤斯基・瑪圖森	380
QB1149	**企業改造（修訂版）：**組織轉型的管理解謎，改革現場的教戰手冊	三枝匡	550
QB1150	**自律就是自由：**輕鬆取巧純屬謊言，唯有紀律才是王道	喬可・威林克	380
QB1151	**高績效教練：**有效帶人、激發潛力的教練原理與實務（25週年紀念增訂版）	約翰・惠特默爵士	480
QB1152	**科技選擇：**如何善用新科技提升人類，而不是淘汰人類？	費維克・華德瓦、亞歷克斯・沙基佛	380
QB1153	**自駕車革命：**改變人類生活、顛覆社會樣貌的科技創新	霍德・利普森、梅爾芭・柯曼	480
QB1154	**U型理論精要：**從「我」到「我們」的系統思考，個人修練、組織轉型的學習之旅	奧圖・夏默	450
QB1155	**議題思考：**用單純的心面對複雜問題，交出有價值的成果，看穿表象、找到本質的知識生產術	安宅和人	360
QB1156	**豐田物語：**最強的經營，就是培育出「自己思考、自己行動」的人才	野地秩嘉	480
QB1157	**他人的力量：**如何尋求受益一生的人際關係	亨利・克勞德	360
QB1158	**2062：**人工智慧創造的世界	托比・沃爾許	400
QB1159X	**機率思考的策略論：**從機率的觀點，充分發揮「數學行銷」的力量	森岡毅、今西聖貴	550
QB1160X	**領導者的七種原型：**克服弱點、強化優點，重新認識自己，跨越領導力鴻溝！	洛麗・達絲卡	380
QB1161	**右腦思考：**善用直覺、觀察、感受，超越邏輯的高效工作法	內田和成	360
QB1162	**圖解智慧工廠：**IoT、AI、RPA如何改變製造業	松林光男審閱、川上正伸、新堀克美、竹內芳久編著	420
QB1164	**創意思考的日常練習：**活用右腦直覺，重視感受與觀察，成為生活上的新工作力！	內田和成	360

書號	書名	作者	定價
QB1165	**高說服力的文案寫作心法**：為什麼你的文案沒有效？教你潛入顧客內心世界，寫出真正能銷售的必勝文案！	安迪·麥斯蘭	450
QB1166	**精實服務**：將精實原則延伸到消費端，全面消除浪費，創造獲利（經典紀念版）	詹姆斯·沃馬克、丹尼爾·瓊斯	450
QB1167	**助人改變**：持續成長、築夢踏實的同理心教練法	理查·博雅吉斯、梅爾文·史密斯、艾倫·凡伍思坦	380
QB1168	**刪到只剩二十字**：用一個強而有力的訊息打動對方，寫文案和說話都用得到的高概念溝通術	利普舒茲信元夏代	360
QB1169	**完全圖解物聯網**：實戰·案例·獲利模式　從技術到商機、從感測器到系統建構的數位轉型指南	八子知礼編著；杉山恒司等合著	450
QB1170	**統計的藝術**：如何從數據中了解事實，掌握世界	大衛·史匹格哈特	580
QB1171	**解決問題**：克服困境、突破關卡的思考法和工作術	高田貴久、岩澤智之	450
QB1172	**Metadata後設資料**：精準搜尋、一找就中，數據就是資產！教你活用「描述資料的資料」，加強資訊的連結和透通	傑福瑞·彭蒙藍茲	420
QB1173	**銷售洗腦**：「謝了！我只是看看」當顧客這麼說，你要怎麼辦？輕鬆帶著顧客順利成交的業務魔法	哈利·佛里曼	380
QB1174	**提問的設計**：運用引導學，找出對的課題，開啟有意義的對話	安齋勇樹、塩瀨隆之	480
QB1175	**時基競爭**：快商務如何重塑全球市場	喬治·史托克、湯瑪斯·郝特	480
QB1176	**決戰庫存**：連結客戶與供應商，一本談供應鏈管理的小說	程曉華	480
QB1177X	**內省的技術**（新版）：勇敢了解自我、願意真心傾聽，培養主動學習的能力，讓自己和組織更強大！	熊平美香	480
QB1178	**打造敏捷企業**：在多變的時代，徹底提升組織和個人效能的敏捷管理法	戴瑞·里格比、莎拉·艾柯、史帝夫·貝瑞茲	520
QB1179	**鑽石心態**：運動心理學教你打造強健的心理素質，跨越比賽與人生的難關	麥特·費茲傑羅	480
QB1180	**圖解豐田生產方式**（暢銷紀念版）	豐田生產方式研究會	350

國家圖書館出版品預行編目資料

圖解豐田生產方式／豐田生產方式研究會著；
周姚君譯. -- 三版. -- 臺北市：經濟新潮社
出版：英屬蓋曼群島商家庭傳媒股份有限公
司城邦分公司發行, 2023.05
面；　公分. --（經營管理；180）
ISBN 978-626-7195-29-1（平裝）

1. CST: 生產管理　2. CST: 工廠管理

494.5　　112005992